U0383961

伍嘉恩 著

明式家具经眼录

故宫出版社

Grace Wu Bruce

Ming Furniture Through My Eyes

The Forbidden City Publishing House

再版前言

此书的前身《明式家具二十年经眼录》2010年出版，颇受读者青睐，至今已印行四次。出版后的一年，卓越网–亚马逊网站www.amazon.cn内的艺术鉴赏收藏图书销售排行榜中，《明式家具二十年经眼录》持续位列15名内。四年后的今天，在网站的家具鉴赏收藏图书销售排行榜中，仍然位列10名内。书受欢迎与近几年在各地发生关于明式家具的事宜不无关系。

这三、四年，明式家具活动可谓频繁：计有私人博物馆成立；官方、民营机构举办专题展览，笔者的【嘉木堂】参与的中港两地大型展览，就有四、五回；各大国际拍卖行组织专题上拍；私人、艺术机构藏品图录出版等。在活动多，市场蓬勃，收藏界活跃的环境下，《明式家具二十年经眼录》载录的212件实例，38件易主，令书中的“世界明式家具分布图”得改写；“大事记”内的重要展览与专辑出版要增列多项；而“市场价值”，因为变化大不得不补充。这些都是再版的迫切原因。此书中新添加的几个“收藏故事”，记录下这些事宜，诉说这些变化的内幕。

旧书一切以1985年，王世襄先生著《明式家具珍赏》为起点。1985年前的明式家具信息，都只蜻蜓点水般涉及，隐藏在字里行间。此书附录的“明式家具的复兴”，细说从民国至今的明式家具人和事，并且列出1985年前的出版物。希望提供一个较完整的近代明式家具发展史。

2015年　春

目录

2008 年作者拍摄于北京“盛世雅集”研讨会

自序

应中国文物学会及中国嘉德国际拍卖有限公司之邀，在“盛世雅集——2008中国古典家具精品展暨国际学术研讨会”发表演讲。自1987年创办【嘉木堂】，朝夕与明式家具为伍，经历无数实例，便将演讲题目定为“明式家具二十年实例”，意是在各种类中挑选有代表性的例子加以陈述，目的是提供一个较完整的明式家具种类架构，向观众推介中国家具史中的巅峰作品。

翻阅多年积累的图片挑选家具，随即被实例数量之多，种类之丰富，及品质之精美所震撼。【嘉木堂】的资料库简直是一个宝藏！就萌生了用图片说家具故事的冲动。一边挑选例子筹备讲词，一边开始将图片资料全面分类，加以组织，作其后发表的准备。同时觉得如把【嘉木堂】二十余年经手实例全面发表，有参考价值，便求北京文博名家王世襄先生赐教。王先生十分认同，鼓励我为这个特别时代出现的明式家具实例留一个痕迹，并冠以“图典”之名。

研讨会在北京世纪坛世界艺术馆举行，因演讲有时间限制，笔者只略谈及“香几”与“床榻”两类，其时出席者众多，反应热烈，更受到当天在场的紫禁城出版社朱传荣编辑青睐，向笔者征稿。这样就开始了在故宫博物院主办月刊《紫禁城》上的连载——《明式家具二十年经眼录》。

现在重新编排并增补《经眼录》，结集成书。而以【嘉木堂】二十余年所有经手过的家具图片集成的《经手录图典》，也正在紧密筹备中。

王世襄先生与作者伍嘉恩摄于香港三联书店明式家具展览开幕礼，1985 年 9 月

前言

香港三联书店，位于域多利皇后街香港中环街市对面。1985年9月的秋日，阳光妍丽怡人，三联书店在三楼的小房举办《明式家具珍赏》[1]发行仪式，作者王世襄先生应邀由北京来港，主礼与大作面世同步举行的明式家具展览开幕式，小房内陈列着十组黄花梨明式家具和几件案头木器，其中六组家具是我从英国、美国各地购买运回香港家中的圈椅、平头案、画桌、南官帽椅、炕几与圆角柜等，借出是次展览，庆祝有史以来第一本用中文撰写的明式家具专著的出版发行[2,3]。

王先生在文博收藏界享有盛名，香港各界名人包括资深古董收藏家，皆于当日倾巢而出参加出版开幕礼。而当时仍为收藏后辈的我，惊讶地发现在众多出席的瓷器、书画、玉器等各类中国古董收藏家嘉宾中，大部分竟然从未听过或见过明式家具，而仅十组家具的小型展览即迎来参观者“大开眼界”的好评。

《明式家具珍赏》的面世影响深远，中文版与翌年出版的英文译本[4]广受大众欢迎，有心人建造网络，以书籍内图片为样本于全国搜索明式家具。随着早期家具实例接二连三相继问世，明末清初的中国古典家具逐渐为人知，而其令人惊叹的品质亦唤起世人的重视，同时也吸引了专家、学者与收藏家的注意力。此项发现历史意义重大，特别是有助于了解明式家具原产地的江南地区。围绕着“园林城市”美誉的苏州至长江下游一带，人文荟萃，士官商贾云集，安居于典雅的庭园宅院，其精致的生活风格，反映这段繁华时期的文化背景。

王世襄先生在《中国文物报》撰文谈及这中国古典家具热[5]，而我，就在这时势变幻中由单纯的明式家具收藏家转变为行家，在香港创办【嘉木堂】，专门经营明式家具[6]。二十多年后的今天，中国明式家具已成为世界各地私人收藏家与博物馆争相收藏的必备项目，此举亦将这项中国文化推展至更广阔的群众面。

十分荣幸能参与这二十年来明式家具的发现、研究和收藏。这几十年经手过的早期家具实例，种类十分广阔，其中既包括已消失于现代生活的种类，如盆架、衣架、火盆架、滚凳脚踏等，又有前所未见的品种，如可装可卸供出游用的桌案。观察、剖析明式家具几十年，一点一滴地收集积累每件所蕴藏的讯息，综合各方面所得到的资料，让我们的家具知识丰富起来，他们中有的风格雄浑凝重，有的以线条简约取胜，其他则优雅细致，集完美比例的型、式、工于一身，而现今二十年正是收藏他们的黄金时代。

以下在各种类中，挑选优秀上成的实例，略谈他们的造型与结构，设计变化，何为标准，何为特征，也说及传世品中哪种是主流，什么是稀少的品种。至于实例木材用料方面，主要是黄花梨，因为明末清初家具传世品，绝大部分是硬木造，而硬木制的家具，又以黄花梨木为主，其他硬木属少数。而开篇与结尾就铺陈明式家具的中国与世界分布情况，及略谈他们的市场价值。

自1985年掀起中国明式家具热，在全球古董艺术中心，家具人开始举办或大或小各种明式家具活动，如展览、研讨会、拍卖会等。这些事宜，笔者不是直接参与，就是近距离观察，至少也得知事在进行中，所以文中也加插些这二十多年家具圈中的人和事，也在附录中以大事记式列出，做个记录。

[注释]

1 王世襄《明式家具珍赏》，三联书店（香港）有限公司／文物出版社（北京）联合出版，香港，1985年。

2 当年报导包括 *Arts of Asia*, Nov-Dec 1985, p4, 6.

3 美国加州中国古典博物馆成立后，更在1992年派专员访问各当事人，在夏季号（66-71页）中作出图文并茂的详细报导。Jeanne Chapman, Hong Kong's First Exhibition of Classical Chinese Furniture. *Journal of the Classical Chinese Furniture Society*. Vol. 2, No. 3, Summer 1992, Renaissance: Classical Chinese Furniture Society, 1992, 66 - 71.

4 英文译本：Wang Shixiang, *Classic Chinese Furniture: Ming and Early Qing Dynasties*, Hong Kong, 1986.

5 《中国文物报》1991年7月21日《从"中国家具热"说起》，重载于《锦灰堆 王世襄自选集》，北京，1999年，《明式家具的喜与忧》，141-142页。

6 《艺术新闻》2003年3月刊中介绍了本书作者的经历。见《CANS 艺术新闻》，2003年3月（No. 63），34-39页。

1987 年作者在香港中环毕打行创办【嘉木堂】

中国明式家具分布

这个中国地图展示笔者二十多年来耳闻目睹有明式家具踪影的市镇和地区。虽然不全面，但希望读者也能从中得到一点关于明式家具原产地及他们由明代至上世纪分布地域的讯息。二十世纪家具之父王世襄先生以古籍为依据，继而实地考察，认为明式黄花梨木家具主要产地是江南的苏州、东山地区。现在这个家具中国分布图，确能见到明式家具实例真的是密麻地挤在江南以苏州、东山、松江为中心的一带。

地图上更显示苏州地区以外，明式家具也散布于其他各地，包括长江下游沿岸城镇如江阴和南通，杭州湾两岸都市嘉兴、海宁、杭州、绍兴与宁波。京杭大运河由浙江，穿越江苏、山东入河北经通州达北京，沿河乡镇也多处发现为数不少的明式家具。

各地历史古都如西安、开封、郑州，文化名城如邯郸、孔子故里曲阜、《水浒传》作者施耐庵的故乡江苏泰州，而至元代被誉为世界大贸易港之一的福建泉州等，都是明式家具一度的聚集地。全国明清民居建筑群重点所在安徽省歙县、绩溪和黟县等，以及山西省古州名郡太原、平遥、晋城等，也曾满布他们的踪影。

明式家具何以从江南原产地流传出外？古代时大部分人，一般老百姓是用本地村落乡镇生产的家具，就地取材，是柴木加漆这类的地域性家具。高级奢华的消费品，于十六世纪的繁华时期，在国内已建立自己市场，这意味着各省各城追求精致生活风格的有钱人会喝福建茶，用南京丝绸，安徽纸、笔、墨，景德镇瓷器和宜兴紫砂壶等，各地重镇富户，自然也会从江南主要原产地订购材美工良造型优美的黄花梨木家具。而宫廷和首都北京的达官贵人，更能利用运河之便将之运送北上。所以除了原产地江南地区，各大城市与沿京杭运河市镇，保存有明式家具实例就不足为奇。从远离江南及大运河、不具备地利条件的地域，如徽商家乡徽州一带、山西中和南部晋商的大宅，而至多省的历史文化名城也藏有大量实例，就颇能体会当时士官商贾均以黄花梨木制明式家具为时尚。从传世家具中有部分带地域风格的制作，虽属实例整体的少数，但也表明当时各地贵族巨贾有直接采购木材，雇用当地能工巧匠制造黄花梨木明式家具。

上海　嘉定、松江
江苏　苏州、东山、周庄、同里、宜兴、无锡、常熟、常州、江阴、海门、南通、如皋、泰兴、镇江、扬州、泰州、高邮、兴化、东台、盐城、宝应、淮安
浙江　嘉兴、平湖、南浔、海宁、杭州、绍兴、上虞、宁波
安徽　屯溪、歙县、西溪南、许村、绩溪、休宁、黟县、祁门
山东　单县、金乡、济宁、嘉祥、兖州、曲阜、泰安、济南、章丘、刁镇、明水、潍坊、昌邑、即墨、胶州、临清、德州
北京　北京、通州
天津
河北　南皮、沧州、青县、吕家桥、承德、怀来、下花园、张家口、阳原、保定、唐县、曲阳、新乐、正定、石家庄、新河、南宫、清河、邢台、永年、武安、邯郸
山西　大同、定襄、太原、祁县、平遥、介休、洪洞、曲沃、沁水、阳城、晋城、西黄石村
陕西　西安
甘肃　武威
河南　开封、郑州、濮阳、内黄、卫辉
江西　婺源
福建　三明、福州、莆田、仙游、泉州、厦门、漳州

香几类

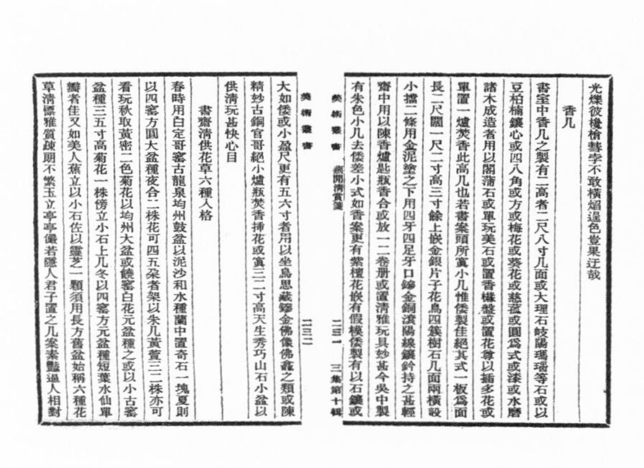

光爍彼欃槍彗孛不敢橫熖逞色豈果迂哉

香几

書室中香几之製有二高者二尺八寸几面或大理石岐陽瑪瑙等石或以豆柏楠鑲心或四八角或方或梅花或葵花或慈菰或圓爲式或漆或水磨諸木成造者用以閣蒲石或單玩美石或置香櫞盤或置花尊以插多花或單置一爐焚香此高几也若書案頭所寘小几惟倭製佳絕其式一板爲面長二尺闊一尺二寸高三寸餘上嵌金銀片子花鳥四簇樹石几面兩橫設小擋二條用金泥塗之下用四牙四足牙口鏒金銅滚陽線鑲鈐持之甚輕齋中用以陳香爐匙瓶香合或放一二卷冊或置清雅玩具妙甚今吳中製有朱色小几去倭差小式如香案更有紫檀花嵌有假模倭製有以石鑲或

美術叢書　燕閒清賞箋　二三一　三集第十輯

大如倭或小盈尺更有五六寸者用以坐烏思藏鏒金佛像佛龕之類或陳精妙古銅官哥絕小爐瓶焚香挿花或寘三二寸高天生秀巧山石小盆以供清玩甚快心目

書齋清供花草六種入格

春時用白定哥窯古龍泉均州鼓盆以泥沙和水種蘭中置奇石一塊夏則以四窯方圓大盆種夜合二株花可四五朵者架以朱几黃萱三二株亦可看玩秋取黃密二色菊花以均州大盆或饒窯白花元盆種之或以小古窯盆種三五寸高菊花一株傍立小石上几冬以四窯方元盆種短葉水仙單瓣者佳又如美人蕉立以小石佐以靈芝一顆須用長方舊盆始稱六種花草清標雅質疎朗不繁玉立亭亭儼若隱人君子置之几案素豔逼人相對

美術叢書　二三二

「香几」条释　明高濂《遵生八笺》「香几」条

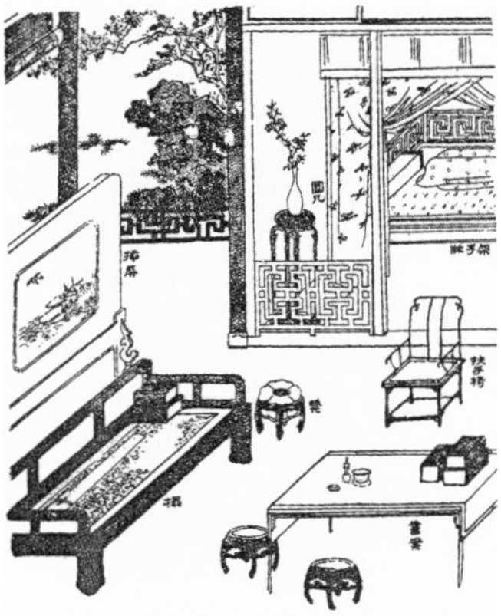

香几上放瓶插花　《百美图》清乾隆仿明画本

研究明式家具，不容易在古籍文献内找到关于某一种类设计、造型的详细描述，材料取用、做法，而至用途的讲解，香几可能是唯一例外的种类。

高濂刊于1591年的《遵生八笺·燕闲清赏笺》[1]中有以下记载：

> 香几
>
> 书室中香几之制有二：高者二尺八寸，几面或大理石、岐阳玛瑙等石，或以豆柏楠镶心；或四八角，或方，或梅花，或葵花，或慈菰，或圆为式，或漆，或水磨。诸木成造者，用以阁蒲石，或单玩美石，或置香橼盘，或置花尊以插多花，或单置一炉焚香，此高几也。

这里不单阐述香几的尺寸，用材，形状，更说明他们的用途。在当时书籍的版画里，我们也找到几乎所有高濂说及的香几形象与用途。现在加插这二十年【嘉木堂】收集到与文字和古代书籍版画插图中香几相似的实例，以供参考。

在《百美图》[2]中能见圆形香几，上放插花的花瓶。

方香几 《列女传》插图「吕良子」 明万历刻本

黄花梨四足无束腰马蹄足小方香几

长 36.8 厘米 宽 36.8 厘米 高 82.7 厘米

意大利 帕多瓦（Padova） 霍艾博士藏品

四足无束腰小方香几，选用木纹华美黄花梨木制成，通体光素，四面齐平，冰盘下铲凿凹槽，四足接牙条沿边起线。造型简约，挺拔有力。

2000年冬季【嘉木堂】举办展览同步出版的目录[3]，即用这上乘香几作封面。意大利霍艾博士收到目录，也不等展览开幕看实物，就来邮购买纳入收藏，更在2004、2005年借给德国科隆与慕尼黑当地博物馆、艺术馆展出[4]。

仇英画《列女传》[5]中，也见四足无束腰小方香几。

四足斗柏楠面、高束腰霸王枨、外翻马蹄长方香几。造型古朴，线条雄伟有力。腿足上截外露与几面接合，是标准高束腰的造法，不常见的外翻马蹄足，配合几面喷出，整体协调。

霸王枨有三弯与一弯两种，断面或圆或菱形，这几的霸王枨是菱形一弯做。

《锦笺记》[6]的长方香几上置放菖蒲盆。

香几上放菖蒲盆
《锦笺记》插图「蜡书」 明万历（1608年）刻本

黄花梨影木面四足高束腰霸王枨长方香几
长46厘米 宽32.4厘米 高70.2厘米
香港 私人藏品

三弯腿带托泥香几

《残唐五代传》插图「唐明宗焚香祝圣」 清康熙刻本

四足绿纹石、高束腰托腮三弯腿带托泥方香几。用绿纹石镶心，明代家具实例中见于几案，也有用其他石如大理石，彩纹石等镶心。束腰部分，腿子上截露明，形成束腰的角柱，中间安立柱即矮老。柱侧打槽，嵌装绦环板，每面装两块，绦环板锼凿海棠式鱼门洞开光，予人空灵轻巧的感觉。束腰下的托腮台阶式踩浅而密的线脚，与几面的冰盘线脚和屋檐形相呼应。牙条的壶门式轮廓曲线很自然地与腿子相接。三弯腿中部突出带尖弧形纹，下翻出圈状卷草叶纹足，出榫纳入托泥。

《残唐五代传》“唐明宗焚香祝圣”[7]，可见三弯腿带托泥香几。

黄花梨四足高束腰三弯腿带托泥长方香几

长 40.6 厘米 宽 38.1 厘米 高 73.5 厘米

美国 洛杉矶艺术博物馆 借展品

黄花梨影木面四足有束腰带托泥方香几，几面用斗柏楠镶心。《新增格古要论》称斗柏楠为骰栢楠，说是“纹理纵横不直，中有山水人物等的木，满面蒲萄尤妙。”[8] 牙子锼成壶门式轮廓，形状优美，线条柔婉，两旁多增曲线，与纤秀腿足上部卷转曲形相呼应。牙腿起阳线，至足端马蹄向内卷转成球，足底又承以底部切平的一木连做圆球。其下出榫与托泥结合。

内卷球足的几桌十分罕见。笔者记忆中遇上的例子屈指可数。

黄花梨影木面四足有束腰带托泥方香几

长 59.2 厘米 宽 59 厘米 高 84.3 厘米

香港 私人藏品

黄花梨四足有束腰八方高香几
长 50.5 厘米 宽 37.7 厘米
高 103.3 厘米
香港 私人藏品

黄花梨四足有束腰八方高香几，造型特别，叶形牙子沿边起皮条线，与束腰一木连做，四根修长的方材三弯腿足弧形舒敛有致，于底向外微翻出蹄足，足底出榫纳入带有小足支承于四角的方托泥。

此例与出版于《明式家具珍赏》[9]亦见于王世襄先生旧居[10]、现存上海博物馆一例成对，而多年黄花梨木明代香几成对仅知此一例。

芳嘉园王世襄先生旧居陈设
录于王世襄《明式家具珍赏》页 55

这高香几最初在香港出现，是上世纪90年代初，香港古董街荷李活道下街人称嚤啰街的古董店少东蒋念慈来电，说见对家店铺上午似收到货运一批，有意可去查点。对家店铺是大雅古玩号，颇有规模，店主为黄姓父子，主要经营酸枝家具与杂项。赶到大雅，在各项新到物品中，一眼就看到了四根弧形修长的腿足，第二眼就看到了八块叶形牙子，也立即认出眼前香几与王世襄先生家里的十分相似，兴奋莫名，连忙与店主商洽，怎料他说东西未到已与大雅老主顾议定售价成交，现只待收款送货！失望之余，骤然想到，会否骗人？想压着待售高价？在一线希望下穷追猛打，要知卖到谁家？答案是香港资深收藏家协会“敏求精舍”成员钟华培先生。水落石出，钟先生是知名玉器大收藏家，我也认识。在古董界有操守的行家如大雅，是言出必行，我无法强人所难，因此绝望而回。多年来对四足八方香几念念不忘，每次看王先生的《明式家具珍赏》就想起坐落香港钟宅美器。1994年【嘉木堂】庆祝搬迁新址，请王世襄与朱家溍先生到港剪彩的《家具中的家具》展览，更借得钟氏香几参展[11]。

香港古董街嚤啰街地摊，1992 年

【嘉木堂】展览告示，1994 年 12 月

1997年香港回归在即，也正是移民高潮期，而现在也记不起是什么原因，引发起传媒广泛报导中国文物法，触动了香港收藏界的神经，使他们多年的隐忧大爆发，恐惧回归后中国会在香港实施中国文物法，令个人收藏中国古董不能自由进出口。这段日子，中国古董或被运走，或易手的数量庞大。我知道时机到了，在不断努力磋商之下，四足八方高香几终于投入【嘉木堂】怀抱。多年心想终如愿！

圆高香几
《广百将传》插图 明崇祯刻本

黄花梨五足圆高香几
面径 38.2 厘米 肩径 48.5 厘米 高 106 厘米
北京 杨耀教授旧藏

五足有束腰三弯腿圆高香几。圆形香几，可能是传世明代硬木制造最稀少的种类。面装独板活动式心板，方便焚香时更替上石或瓷板。束腰混面圆润饱满，五个椭圆形开光内浮雕凤鸟纹，上连带屋檐状冰盘的几面，下接台阶式的托腮，牙子与修长腿足顺势向外彭出，中部两边突出雕攀龙纹，然后向内婉然收缩，至足端外卷成球终结，上翻花叶，足底又承以一木连做的圆球，以榫卯插入带小足的托泥。此几造型甚有动力，充分表现明式家具如雕塑品的特征。

明代名将传略兵书《广百将传》，陈述刘伯温进天书辅佐太祖的故事插图中，场面是明代最高等级的宴席，在宫殿内举行，正中放一具与现例十分相似的圆形高香几[12]。

2008年北京世纪坛世界艺术馆中国古典家具国际学术研讨会

这黄花梨五足圆高香几。在二十多年前已崭露头角。美国加州中国古典家具博物馆1990年冬季创办期刊，创刊号封面即用此圆香几[13]。更早于1981年，北京中央工艺美术学院教授陈增弼在《文物》发表的《明式家具的功能与造型》[14]一文也刊登过这圆香几。而我最初遇上他，是在1988年8月香港古董商简氏兄弟贸易的仓库。

简森是经营酸枝家具香港业者中较早关注明式家具的一位，那天相约在库房查鉴他刚运到香港的家具。那年代，家具商为节省运输费用的成本，也为避人耳目，都是把每件家具拆卸，用麻绳一捆二捆地扎起来，一扎两扎地装进麻包布袋内，仓库内能见到的是一袋袋的麻包布袋，骤看像木材废料，谁知原来是各种珍贵硬木古典家具拆卸了的构件！不懂古典家具设计与结构，是没法查点眼前捆捆木料是否一件家具的全部，更谈不上断代；不熟识明式家具的造型与比例，就无法衡量结合起每捆每扎一件家具的艺术与市场价值；而不懂家具榫卯，更无法还原古物真身，所以在上世纪80至90年代初期，拆装运输的时代，只有专家才能在市场上第一手挑选上品明式家具，而非一般古董商或收藏界所能。回到仓库，在眼前各麻包布袋中最喜欢的是线条优美，造工细致精巧的五足高束腰圆香几，如获至宝而回。

北加州艺术团自1988年建立中国古典家具博物馆，主要收藏明式家具，更组织学会，出版期刊，推崇研究，我觉得十分有意义。在随后的几年中，【嘉木堂】提供了数十件明式家具给加州，其中就包括这秀丽动人的黄花梨五足圆高香几，而香几就登上了博物馆期刊创刊号的封面。1995年，*Masterpieces from the Museum of Classical Chinese Furniture*，即英文版《明式家具萃珍》[15]面世，熟识圈内信息的家具爱好者或会发觉这香几不在《萃珍》之列，原因是在1993年，【嘉木堂】得到一具很不错的黄花梨高面盆架[16]（见其他类257页），博物馆力求出让，当时我有意留着盆架组合展览，不太愿意，就提出了苛刻的要求，一个不公平的交换方案——以香几换盆架！对方当然不答应。过了一段时间，竟忽然改变主意，原来考虑到收藏中有另例圆香几，但缺高盆架，而又希望短期内出版收藏目录，就勉为其难同意，但也要求我多补一个【嘉木堂】收藏已久的特大形黄花梨四撞提盒才答应（见其他类287页）[17]，而这五足圆香几就这样重临我间！

2008年1月在北京世纪坛世界艺术馆出席“盛世雅集”家具研讨会时有引用此香几，想联络陈增弼教授查究香几的来历出身，惊闻月初陈教授病逝北京，但有印象陈教授曾提及圆香几是北京大学工学院副教授杨耀的旧物，而杨先生正是当年古斯塔夫·艾克在1944年出版的*Chinese Domestic Furniture*《中国花梨家具图考》[18]一书中的制图人。

黄花梨影木面四足无束腰霸王枨带托泥长方香几
长80厘米 宽48.2厘米 高79.8厘米
意大利 帕多瓦（Padova） 霍艾博士藏品

结尾用一具四足无束腰霸王枨内卷球足带托泥长方香几，美轮美奂。

这长方香几，也有他的小故事。其实每件藏品都有他们的小故事，有在机缘巧合下得到的，也有像侦探般查找线索追寻到的，这么多年，这么多家具，小故事数之不尽，其中不乏令人难忘的收藏过程。言归正传，只说这内卷球足香几是1998年伦敦【嘉木堂】开业展览目录的封面明星[19]，展出时英国家具界轰动，惊叹这超越时空的香几，居然是三百多年前的明代设计。

这些实例令人看到，明式家具中的香几类，设计超脱不凡，而在个人几十年的经历中，也从来未碰上一件不美的硬木香几！

[注释]

1 明高濂《遵生八笺·燕闲清赏笺》"香几"条。黄宾虹、邓实编《美术丛书》第二册，江苏古藉出版社，1997年，1960页。

2 《百美图》，清乾隆仿明画本。杨耀《明式家具研究》，中国建筑工业出版社，2002年，15页。

3 笔者创办【嘉木堂】专门经营明式家具，定期在本馆举办展览。见Grace Wu Bruce（伍嘉恩，下同），*Ming Furniture, Selections from Hong Kong & London Gallery*（《明式家具香港伦敦精选》），香港，2000年，封面、4-5页。

4 香几载录于霍氏收藏专刊：*Museum für Ostasiatische Kunst Köln, PURE FORM Classical Chinese Furniture Vok collection*（德国科隆东亚艺术博物馆，《圆满的纯粹造型 霍艾藏中国古典家具》），Munich，2004，图版35。

5 汉刘向撰，明仇英绘画，明汪道昆增辑《仇画列女传》（"吕良子"），妇女传记，明万历刻本，中国书店，北京，1991年，第六册，卷十二，页十。

6 《锦笺记》（"蜡书"），明代戏曲类书籍，万历刻本。傅惜华《中国古典文学版画选集》上册，上海人民美术出版社，1981年，226页。

7 《残唐五代传》，明代讲史小说类书籍，清康熙刻本。傅惜华《中国古典文学版画选集》下册，上海人民美术出版社，1981年，941页。

8 明曹昭撰、王佐增补《新增格古要论》（卷八页四"骰栢楠"条），上海自强书局印行。

9 王世襄《明式家具珍赏》，三联书店（香港）有限公司／文物出版社（北京）联合出版，香港，1985年，130页。

10 王世襄《明式家具珍赏》，三联书店（香港）有限公司／文物出版社（北京）联合出版，香港，1985年，55页。

11 香几载录于亚洲艺术杂志*Orientations*对展览"家具中的家具"的报导：R.P. Piccus, Conference and Exhibition Review, *Orientations*，February 1995, Hong Kong, page 69-70.

12 《广百将传》，明代名将传略兵书，明崇祯刻本。朱家溍《明清室内陈设》，紫禁城出版社，北京，2004年，26页。

13 *Journal of the Classical Chinese Furniture Society*（《中国古典家具学会季刊》），Renaissance: Classical Chinese Furniture Society, Winter 1990 冬季号，封面、7页。

14 陈增弼〈明式家具的功能与造型〉，《文物》，1981年第三期，北京，83-90页。

15 Wang Shixiang and Curtis Evarts, *Masterpieces from the Museum of Classical Chinese Furniture*, Chicago & San Francisco, 1995. 其中文版《明式家具萃珍》，王世襄编著、袁荃猷绘图，于1997年出版。

16 王世襄，袁荃猷《明式家具萃珍》，美国中华艺文基金会Tenth Union International Inc，芝加哥，旧金山，1997年，169页。

17 《明式家具萃珍》，同注释16，151页。

18 *Chinese Domestic Furniture* 一书作者是古斯塔夫·艾克（Gustav Ecke），于1944年在北京出版，而该书中文版《中國花梨家具圖考》于1991年出版。

19 Grace Wu Bruce（伍嘉恩），*On the Kang and between the Walls - the Ming furniture quietly installed*（《炕上壁间》），香港，1998年，封面、26-29页。

明式家具经眼录

桌类

方桌可能是中国古代家居应用最广的桌案，明末清初黄花梨木制的方桌有相当数量留传到今天，而他们的款式与结构，可能是桌类设计的总和，每一种桌形，都几乎能在方桌传世品实例中找到。

一腿三牙、垛边

明中期 微形三彩陶一腿三牙方桌
长 15.2 厘米 宽 14.8 厘米
高 12.5 厘米

黄花梨木一腿三牙方桌。长105.7、宽105.5、高87.8厘米[1]，体积硕大，观感厚重。称一腿三牙，是因为每足与左、右两根牙条与转角的一块角牙相交而得名。方桌侧脚显著，桌面喷出部位大，角牙也大，而桌面底面边缘又加木条称“垛边”，令冰盘看面加大，感觉敦厚纯朴。

方桌仿如一幢小建筑物，从结构看也不难发现古代建筑架构的身影。一腿三牙设计，应在中国家具发展巅峰期的晚明年代前已定形。山西出土的明中期微形三彩陶明器中，已见一腿三牙方桌，可为这论点佐证。

黄花梨一腿三牙八仙桌
长 105.7 厘米 宽 105.5 厘米 高 87.8 厘米
比利时 布鲁塞尔 私人藏品

黄花梨一腿三牙八仙桌

长 93.5 厘米 宽 93.3 厘米 高 86.4 厘米

香港 攻玉山房

此桌侧脚不大，桌面也喷出不多，角牙就不需如前例般大，并起弧弯形，与不太宽的牙条角位弯曲形相应。桌面冰盘边缘也不加垛边，同是一腿三牙设计，与上例比较，就来得轻盈[2,3]。

方桌四足直立，不用侧脚，桌面喷出不多，角牙细小修长形状美，牙条不宽，同起阳线。冰盘不加垛边，并饰以线脚，更觉精致。罗锅枨也没有如基本式上伸贴着牙条，灵活爽朗。此桌与上例或可被视为一腿三牙方桌的改良版，为去厚拙求精致的家具制造发展过程，提供难得的参考资料。

方桌依体型大小可称为八仙、六仙或四仙桌，虽非单一用途，但常作为餐桌使用。其名显然与可供围坐的人数有关。

黄花梨一腿三牙八仙桌

长 99.7 厘米 宽 98.7 厘米 高 83.6 厘米

英国 伦敦 业界

紫檀六仙桌八拼面心板

紫檀木造六仙桌[4]，长85.3、宽85、高82.5厘米，标准一腿三牙式，但体型较小。

制于明代的紫檀木家具相当稀少，笔者遇上的传世实例不到黄花梨木制家具的百分之一。此件体积不大的紫檀木六仙桌面心板，需要用八块木拼成，紫檀木材在明代的缺乏，可见一斑。

紫檀一腿三牙六仙桌

长85厘米 宽85.3厘米 高82.5厘米

比利时 布鲁塞尔 侣明室旧藏

活动夹层

开盖棋桌

特制方桌是标准有束腰马蹄腿足罗锅枨式，桌面可装可卸，内有活动双陆棋盘，两侧设装木轴门盖的狭长小室，四角亦辟小室，加圆盖，四面束腰中间开口各安抽屉一具。拉出抽屉后，整个方形承棋盘连圆盖小室夹层可被托出，搬移至地面、炕上或户外使用。正中原置方形双面棋盘，一面围棋，背面象棋，现已遗失。

双陆棋本为胡人游戏，在唐代已传入中国[5]，明及清代早期十分流行，更为之特制棋桌。实例除有方形外，亦有长方形。美国多家博物馆也有收藏[6]。

黄花梨棋桌

长 90.9 厘米 宽 90.9 厘米 高 84.8 厘米

北京 私人藏品

委角攒接牙子

黄花梨无束腰攒牙子八仙桌，腿足有棱有线，是工匠称“甜瓜棱”的做法，牙子攒接做，把长短不一的纵横材用格肩榫卯接合成有委角的开光，横四个，直两个，沿边起线，冰盘也有线脚，做法精致。这件现存丹麦艺术及设计博物馆（Danish Museum of Art and Design）的方桌款式，也见于北京故宫博物院[7]与比利时侣明室的收藏[8]。

黄花梨攒牙子八仙桌
长 99 厘米 宽 99 厘米 高 80.8 厘米
丹麦 哥本哈根 丹麦艺术及设计博物馆

英国行家尼古拉斯·格林利

此桌得自1987年，是【嘉木堂】开业不久最早期的陈列品之一。上世纪80年代的香港是全球最重要的中国文物集散地，无论是或大或小规模的世界各国博物馆的中国艺术部主管，文物商人，甚而至中国古董收藏家，必会定期到香港寻宝。【嘉木堂】的客户，初期大部分就来自这寻宝群。此方桌就是在这样的背景下被英国行家尼古拉斯·格林利（Nicholas Grindley）买去，其后再转让给丹麦博物馆。这位英国行家，是中国古典家具知音人，早在70年代已开始在欧美经营中国古董买卖，更以家具为主。当笔者还是单纯的明式家具收藏家，未投身业界前，不少家具就是购自他手。当时中国还未开放，大家追逐的是1949年解放前出国的家具。1986年开始，自从明式家具实例从原产地涌现于市场，差不多悉数都往香港运。【嘉木堂】就在这天时地利的环境下，求到实例佳品，而之前笔者在收藏时期的世界各地的家具供货商，也全部反过来成了客户！

有束腰马蹄足霸王枨八仙桌，充分表现明式家具集美学力学于一身的设计理念。霸王枨形状优美，为简约的大方形轮廓增添趣意。他们连结着桌面下的穿带与腿足，当桌面受压时，力度可在四足以外的不同方位下卸至腿足，增加八仙桌的整体稳固与承受力。这八仙桌在【嘉木堂】2008年秋展面世[9]。笔者经手的上一例，算起来是在十一年前的一件，现归香港攻玉山房[10]。而再上一张则是在1995年秋展[11]，可见收入的黄花梨霸王枨八仙桌例子不多。这当然是因为【嘉木堂】收藏要求严格，要经过精挑细选，但也与黄花梨霸王枨八仙桌传世实例的稀少不无关系。

霸王枨

黄花梨有束腰马蹄足霸王枨八仙桌

长 97.9 厘米 宽 97.6 厘米 高 80.8 厘米

青岛 私人藏品

半桌、条桌

“半桌”的名称，是指其尺寸约相当于八仙桌的一半，又有“接桌”的叫法，意为在八仙桌不够坐时，用而接上的桌子。

黄花梨有束腰马蹄足半桌，长95.4厘米，宽47.4厘米，如拼合两张，刚好凑成方形的八仙桌，半桌顾名思义。束腰、直牙条、马蹄足、罗锅枨是标准半桌的元素。半桌与平头案设计现被视为明式家具的经典代表。现例属常见的基本式。唯独榫卯部分采用了凸出立面的造法，晚明制精美家具中十分少见。一般理论是中国榫卯由凸榫，发展至明榫，再到暗榫，随着工匠对力学有更深刻了解而演变。这张晚明半桌，生产在中国古典家具的巅峰期，做工精细，用料讲究，却采用了早期的凸榫做，可能是某作坊的特征。

黄花梨有束腰马蹄足半桌

长 95.4 厘米 宽 47.4 厘米 高 86.7 厘米

江阴 私人藏品

凸榫做

桌的基本造型有多种变化，如此例牙条的形状由平直转为有曲线弧度的壶门式。

黄花梨壶门式牙条马蹄足半桌
长 99.1 厘米 宽 58.4 厘米 高 88 厘米
北京 中国国家博物馆

[收藏故事]

壶门式轮廓牙子半桌，现藏中国国家博物馆（原中国历史博物馆）。此桌是2006年经国博专家谢小铨穿针引线，从【嘉木堂】征集的一组明式家具之一。国家博物馆继2006年夏季“文化遗产日特展”中首次展出明式家具后，在年底更举办了“简约 · 华美：明清家具精品展”[12]的专题展览，成为闭馆重建前的最后一个展览，反映现代中国官方对家具艺术的重视。中国家具多年备受冷待，历尽沧桑，未能进入学术殿堂。而近年的发展令人对其前景乐观，明式家具的地位日后在中国当能得到改善。

作者、谢小铨主任、展览设计师王林，2006 年

半桌造型变化，又有牙条施以雕饰，如卷草纹、螭龙纹；又有增减基本结构元素，增如牙条与罗锅枨中加卡子花，减如免除束腰，令牙条直碰桌面底部（见47页黄花梨四面平罗锅枨马蹄足长条桌），或腿足间不安罗锅枨；又有面心板采用不同材料如影木、理石和各种纹石等。

黄花梨卷草纹石面半桌

长 94.3 厘米 宽 57.5 厘米 高 86.2 厘米

南非 开普敦 私人藏品

黄花梨有束腰马蹄足半桌
长 92 厘米 宽 46 厘米 高 78 厘米
北京 私人藏品

腿足间不安枨的桌，造型特别简约，晚明书籍版画插图中常见这类桌[13]。他们的用途至广，体积较小的，放置花瓶、盆景、奇石或香炉；中型的用作书桌、琴桌；而大型的有见上放五供，或用作食桌，亦有用作书桌，应是十分流行与普及的桌类。这类桌子更早在宋、元画中出现，有理由推断他们的起源比腿间安有罗锅枨的标准半桌设计更早。但传世品中，他们却远比标准半桌稀少，原因是腿足间不施枨，虽然美观，但不及有枨支承般坚实。标准有束腰直牙条马蹄足罗锅枨半桌，可被视为是这类造型结构上的改良版。

香几
《列女传》插图「孝慈马后」
明万历刻本

书桌
《南柯梦》插图「寻寤」
明万历刻本

琴桌
《赛征歌集》插图「凉亭赏夏」
明万历刻本

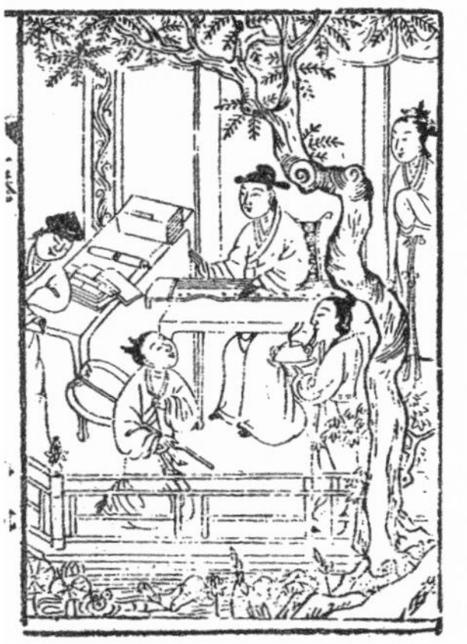

供桌
《凰求凤》插图「让封」
清顺治刻本

食桌
《茶酒争奇》插图
明天启甲子（1624年）刊本

大书桌
《状元图考》插图「周旋」
明万历刻本

黄花梨有束腰壶门牙条内卷球足桌，是桌式中罕见的美丽变化。

牙条正中镂出形状优美壶门拱尖，修长腿足下端内卷转成圆球，足下又承以底部切平的圆球。整体予人飘逸感觉。美国檀香山艺术学院，有张内卷球足踏半圆垫的小桌[14]，但牙条平直，附加霸王枨，观感不及现例挺拔秀丽。

【嘉木堂】1990年出让此桌给加州中国古典家具博物馆后[15]，笔者再没有遇到同样内卷球足的桌了。

内卷球足踏半圆垫

黄花梨有束腰壶门牙条内卷球足半桌

长 90.9 厘米 宽 42.3 厘米 高 83.7 厘米

美国 前加州中国古典家具博物馆旧藏

裹腿做罗锅枨半桌。所谓“裹腿做”，是罗锅枨高出四足的表面，似是用柔软的物体缠裹而成，这是从竹制家具得到的启发，再运用到硬木家具中。此桌构件仿竹材做。圆形腿足，加上桌面边抹立面，其下的垛边与罗锅枨均劈料起双混面，如同小竹枝拼成。

此种以珍贵木材仿制一般到处可见的竹材家具，想必是反映当时文人内敛不求外烁的心态。

裹腿做、劈料做

黄花梨裹腿做罗锅枨半桌
长96厘米 宽50.8厘米 高87.6厘米
英国 伦敦 业界

有束腰炕桌展腿式半桌[16]，这种设计传世品中有数例，现例是较简朴的版本。上部形如标准炕桌，结合下部圆材腿足至底套瓶状足端，牙条与腿足结合处装卷云形状角牙。中国古典家具设计受建筑结构影响，在此似是得到旁证，腿足上段与云形角牙，模仿建筑物斗栱式托架结构，而带瓶状足端的腿足，也使人联想到大木梁架柱底部的石柱础。

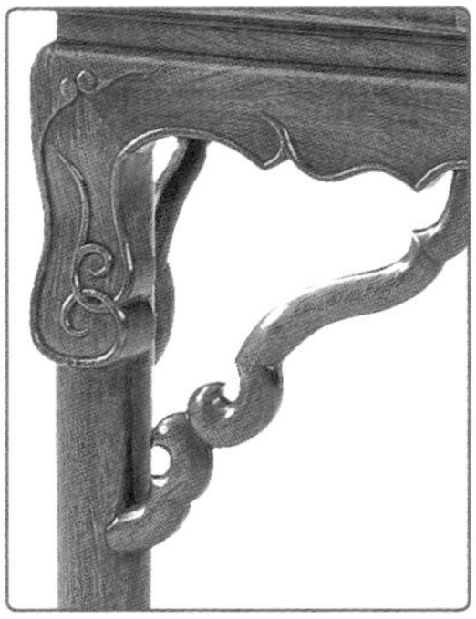

斗栱式角牙

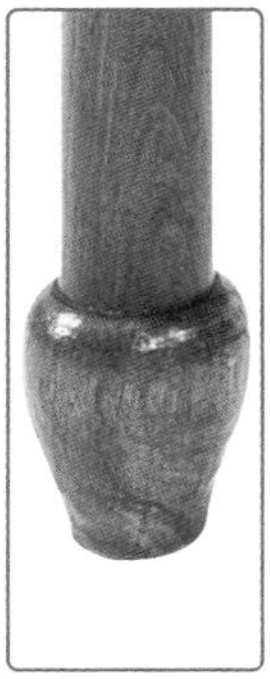

石柱础足

黄花梨有束腰炕桌展腿式半桌
长 45 厘米 宽 63 厘米 高 83.9 厘米
湖州 私人藏品

四面平琴桌，长114.2厘米，宽45.2厘米，高85.8厘米。无束腰，腿足间不施枨，此桌结构采用了极为简练的造法，每个构件交代得干净利落，功能明确，它们又造得那样的峭拔精神，使琴桌显得骨相清奇，劲挺不凡[17]。

这件琴桌得于1986年，那年是笔者由私人收藏家转型成为经营明式家具业者交替的一年。王世襄先生的《明式家具珍赏》在1985年出版后，广东省各城镇的酸枝家具行家，纷纷北上寻觅黄花梨木家具，以求开拓新商机。广州、江门、佛山等旧物市场，就不时传来有黄花梨家具运到的讯息。要知当年香港人对黄花梨还比较陌生，市场上亦未有需求，而黄花梨木家具价格又比酸枝木家具高，所以传统古董业界对这

黄花梨四面平琴桌
长 114.2 厘米 宽 45.2 厘米 高 85.8 厘米
香港 伍嘉恩女士藏品

作者家中放置四面平琴桌

香港毕打行【嘉木堂】，1987 年

些消息，一般没有多大反应，但却吸引了新一代青年行家的注意。我亦发现除了纽约、伦敦、旧金山等地，香港已有黄花梨木家具的踪影。

某天，古董街老字号青年少东蒋念慈来电，请我鉴定家具一批。（蒋氏就是当时业界较早关注明式家具出现之一人，其时还只十来岁!）赶到摩啰街，只见十多捆家具构件，材料极佳，构件状况完整，榫卯做工精湛，装嵌后件件比例匀称，无一不是黄花梨家具上品。四面平琴桌就是其中之一。多年追求明式家具，从来未经历在同一时间，同一空间，能购买那么多材美工良的黄花梨珍品，真是眼花瞭乱。兴奋之余，意会到新的收藏时代已经来临。不假思索，就决定要穷一己之力，收入市场出现的精品，使他们能以昔日的精彩面貌再现人前。于是与青年行家合作，雇用虽年青但已师成的木工匠何祥、王就稳、谢军三人，打磨的运作由我督导和监察，成立专业维修明式家具工作坊。而我，更四出奔走寻找心中理想的艺术品展示空间——【嘉木堂】就这样诞生了。

四面平书桌，长145.5厘米，宽61厘米，高82.3厘米，安独特弧弯带拱尖的霸王枨，增添无限意趣，那么多年，没有再见相同的一例[18]。

黄花梨四面平霸王枨书桌

长 145.5 厘米 宽 61 厘米 高 82.3 厘米

台北 陈启德先生藏品

弧弯带拱尖霸王枨

双套环卡子花

黄花梨裹腿做双套环卡子花条桌

长 111 厘米 宽 51.5 厘米 高 82.5 厘米

加拿大 蒙特利尔 私人藏品

黄花梨裹腿做双套环卡子花条桌。罗锅枨裹腿做，桌面边框看样也似同样缠裹着四足，而立面的两个混面，是桌面边框与称为垛边的木条两层重叠而成，而非一木连做。这造法既节省珍贵的进口黄花梨木，又能与罗锅枨设计呼应。卡子花是卡在横枨中间的花饰，现例用双套环。

此桌造法与上例基本相同，不同之处只是罗锅枨与垛边劈料做，而双套环卡子花就改用矮老，也是劈料做。轻微变化，但观感上很不一样[19]。

黄花梨裹腿做矮老条桌
长 150 厘米　宽 66 厘米　高 87.6 厘米
香港　嘉木堂

矮老

黄花梨高罗锅枨画桌
长 173.1 厘米 宽 77.7 厘米 高 81.5 厘米
三亚 私人藏品

高罗锅枨画桌，长173.1厘米，宽77.7厘米，高81.5厘米，也是由标准桌造型轻微变化后而形成观感大变的一例。罗锅枨上伸紧贴牙条不留空间，这造法增大了桌面与地面的实用空间，更适合人坐在椅或凳上与桌同时使用。

桌案宽如现例77.7厘米，近代统称为画桌或画案，其实古代有相当宽度的桌案，用途至广，前文版画已能见他们不单是书桌，也被用作食桌，供桌等。

无束腰罗锅枨马蹄足长条桌[20]长208.5厘米，宽57.2厘米，高88.4厘米。在标准半桌形制上减去束腰，并将所有立面削平，令桌面冰盘、牙条、罗锅枨和腿足齐平，视觉特别简约，朴实。这类家具，与二十世纪极简派艺术理念不谋而合，而明式家具，就被极简派家具设计师推崇为灵感的泉源。

黄花梨四面平罗锅枨马蹄足长条桌

长 208.5 厘米 宽 57.2 厘米 高 88.4 厘米

北京 私人藏品

[收藏故事]

这四面平罗锅枨马蹄足长条桌的设计，具备跨国界、跨时代的吸引力。黄花梨条桌逾两米长的不多，如此所有立面削平又略去束腰的造型更是少之又少。2011年笔者选件出版专辑。庆祝【嘉木堂】成立25周年，黄花梨条桌类就别无他想，非他莫属。专辑名为《选中之选——明式家具集珍》[21]。“选中之选”四字，来自王世襄先生赠给笔者一篇铭文的首句。2014年再编撰展览图录，就采用铭文的第二句为标题，集成《器美神完——明式家具精萃》[22]。铭文的来历是在1994年，【嘉木堂】首次在本馆举办家具展览，王世襄先生亲临香港主礼。展览期间，王先生建议笔者为展览撰写图录，回京后更寄来四言铭文“选中之选，器美神完；香江小别，刮目相看。”先生的赞赏与鼓励，成为【嘉木堂】对家具品质要求精益求精，以及日后举办展览必同步出版图录的最初动力。

2014年是王世襄先生百年诞辰。京城各界举办书法展览，追思会，古琴雅集等纪念先生。众所周知，王先生的研究与出版，奠定了明式家具为艺术品的地位。纪念先生，笔者认为必在其贡献至伟，影响至深的领域有所表示才完满，所以策划在致力推动当代艺术的今日美术馆，举办明式家具展览，向新的群体介绍优秀精湛的我国家具艺术，觉得这是纪念先生的好途径。2014年3月至4月，【嘉木堂】与中国嘉德携手，在北京今日美术馆举办“选中之选 器美神完——【嘉木堂】呈献明式家具精品 纪念王世襄先生诞辰百年”展览[23]。展览大获好评。为了吸引新观众到今日美术馆看明式家具，特意制造时尚清新的微电影放上拥有四至五亿用户的微信。结果大受欢迎，被疯传。向年青一代介绍明式家具，有一定作用。

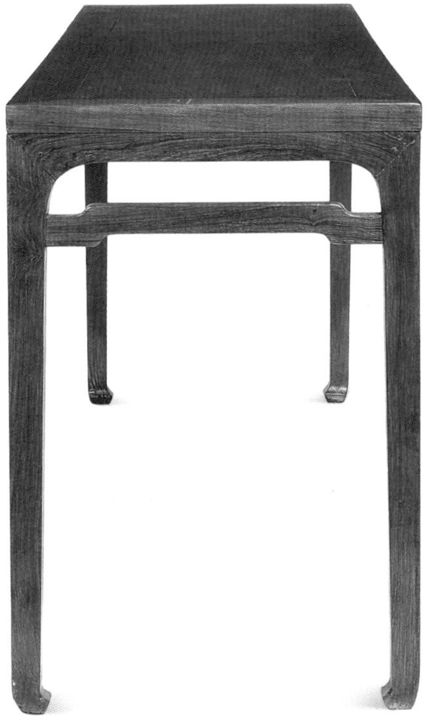

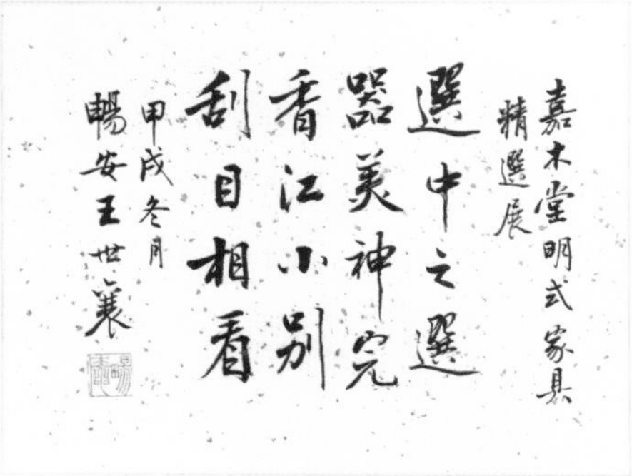

王世襄先生铭文，1994 年冬

展览微电影

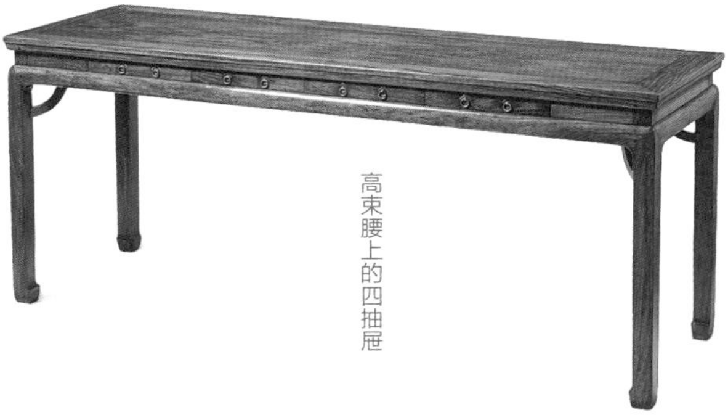

高束腰上的四抽屉

高束腰、腿足上端外露

有一种名称为高束腰的结构，外观与一般有束腰条桌不大相同，结构也有颇大的分别，腿足上端外露，形状如小方柱，与桌面接合。腰板比一般桌高，所以就不会与牙条一木连做，而是两端与下部削出榫舌，嵌装入腿足上截与牙条上的槽口。高束腰造型的条桌，传世品不多，笔者经手经眼例子全出自松江区域与上海老房子中。现例在高束腰上镂出四个抽屉，更安双环拉手，十分特别[24]。

黄花梨高束腰霸王枨马蹄足条桌

长 196.5 厘米 宽 59 厘米 高 81.5 厘米

美国 西雅图 私人藏品

“桌”在明式家具词汇中，指四腿足安在四角的，而腿足从四角内缩安装则称“案”。桌案面板两端高出上翘成翘头，在传世品中多采用四足内缩安装的造法，所以翘头案是明式家具的一大类。而“翘头桌”就十分罕见。

现例翘头桌用料讲究，厚独板木纹生动华美，两端嵌入小翘头，边抹线脚平直，结实的腿足与牙条格肩相接，上端出榫与桌面结合，下端伸展为有力的马蹄足，四角安霸王枨[25]。虽然明代翘头桌没有太多实例能留传至今，但从晚明插图本百科全书《三才图会》中，能见到称为“燕几”的翘头桌图例[26]，就知道他们必是当时桌案造型标准系列之一。

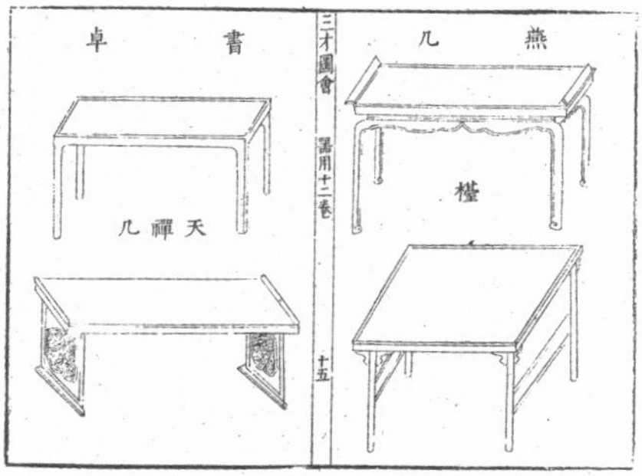

燕几 明王圻、王思义编《三才图会》插图

黄花梨独板翘头霸王枨条桌
长 198.6 厘米 宽 45.8 厘米 高 88.9 厘米
香港 私人藏品

[注释]

1 黄花梨木一腿三牙八仙桌是【嘉木堂】1995年展览的展品之一，并出版于展览目录。Grace Wu Bruce, *Ming Furniture*（《嘉木堂中国家具精萃展》），香港，1995年，22-23页。

2 此件载录于【嘉木堂】2000年香港及伦敦展览图录：Grace Wu Bruce, *Ming Furniture, Selections from Hong Kong & London Gallery*（《明式家具香港伦敦精选》），香港，2000年，26-27页。

3 方桌后归攻玉山房，香港中文大学文物馆2007年展览目录也有发表。Grace Wu Bruce, *Feast by a wine table reclining on a couch: The Dr. S. Y. Yip Collection of Classic Chinese Furniture III*（《燕几衎榻：攻玉山房藏中国古典家具》），香港，2007年，72-73页。

4 紫檀六仙桌是比利时侣明室旧藏，并出版于收藏图录中：Grace Wu Bruce, *Living with Ming – the Lu Ming Shi Collection*（《侣明室家具图集》），香港，2000年，140-141页。

5 唐周昉《内人双陆图》，见录于台北故宫博物院《画中家具特展》图录，台北，1996年，10页。

6 黄花梨棋桌可见于明尼阿波利斯艺术中心：Robert D. Jacobsen and Nicholas Grindley, *Classical Chinese Furniture in the Minneapolis Institute of Arts*, Minneapolis, 1999, p115; 克利夫兰艺术博物馆：Sherman Lee, 'Chinese Domestic Furniture' *The Bulletin of the Cleveland Museum of Art*, Cleveland, No. 3, March 1957, p276; 及费城艺术博物馆藏品：Jean Gordon Lee, 'Chinese Furniture', *Philadelphia Museum of Art Bulletin, Philadelphia*, Winter 1963, p70.

7 朱家溍《故宫博物院藏文物珍品全集 明清家具》（上卷），商务印书馆（香港）有限公司，香港，2002年，95页。

8 伍嘉恩《永恒的明式家具》，香港，2006年，110-111页。

9 嘉木堂《明式家具》，香港，2008年，50-51页。

10 Grace Wu Bruce, *Feast by a wine table reclining on a couch: The Dr. S. Y. Yip Collection of Classic Chinese Furniture III*（《燕几衎榻：攻玉山房藏中国古典家具》），香港，2007年，70-71页。

11 Grace Wu Bruce, *Ming Furniture*（《嘉木堂中国家具精萃展》），香港，1995年，24-25页。

12 中国国家博物馆编，《简约·华美：明清家具精粹》，中国社会科学出版社，北京，2007年。

13 汉刘向撰，明仇英绘，明汪道昆增辑《仇画列女传》（“孝慈马后”），妇女传记，明万历刻本，中国书店，北京，1991年，第七册，卷十四，页二。

《南柯梦》（“寻寤”），明代传奇类书籍，明万历刻本。傅惜华《中国古典文学版画选集》上册，上海人民美术出版社，1981年，257页。

《赛征歌集》（“凉亭赏夏”），明代戏曲选集类书籍，明万历刻本。傅惜华《中国古典文学版画选集》上册，上海人民美术出版社，1981年，73页。

《凰求凤》（“让封”），清代戏曲类书籍，明顺治刻本。傅惜华《中国古典文学版画选集》下册，上海人民美术出版社，1981年，845页。

《茶酒争奇》，茶酒的传奇故事，明天启甲子（1624年）刊本。首都图书馆编《古本小说版画图录》上函第八册，线装书局，北京，1996年，图版504。

《状元图考》（“周旋”），明代状元故事类书籍，万历刻本。傅惜华《中国古典文学版画选集》上册，上海人民美术出版社，1981年，350页。

14 小桌载录于Robert Hatfield Ellsworth, *Chinese Hardwood Furniture in Hawaiian Collections*, Honolulu Academy of Arts, Hawaii, 1982, p53.

15 中国古典家具博物馆收藏专刊内有载录：王世襄、袁荃猷《明式家具萃珍》，美国中华艺文基金会（Tenth Union International Inc），芝加哥·旧金山，1997年，80-81页。

16 展腿式半桌在英国【嘉木堂】创办展目录中出版：Grace Wu Bruce, *On the Kang and between the Walls - the Ming furniture quietly installed*（《炕上壁间》），香港，1998年，30-31页。后归侣明室收藏，见录于：伍嘉恩《永恒的明式家具》，香港，2006年，80-81页。2011年易主。见录于中国嘉德拍卖图录《读往会心—侣明室藏明式家具》北京，2011年5月21日，封面，编号3358。

17 【嘉木堂】1994年举办的《家具中的家具》展，也有展出四平琴桌；另见录于艺术杂志 *Arts of Asia*（《亚洲艺术》）1995年5-6月刊，135-141页。

18 此桌后归台北收藏家。台北历史博物馆1996年举办两岸三地借出的精品中国古典家具展“风华再现”，四面平画桌是展品之一，并发表在同步出版的展览目录中：台北历史博物馆《风华再现：明清家具收藏》，台北，1999年，145页。

19 出版于：Grace Wu Bruce《荷兰马城展览》，香港，2007年，图版9。

20 黄花梨长条桌是【嘉木堂】2008年荷兰马斯特里赫特国际古董艺术博览会展品之一，并出版于图录《荷兰马城展览》，图版14。

21 【嘉木堂】《选中之选——明式家具集珍》Grace Wu Bruce, *A Choice Collection—Chinese Ming Furniture*，北京，2011年，130-135页。

22 【嘉木堂】《器美神完——明式家具精萃》Grace Wu Bruce, *Sublime and Divine—Chinese Ming Furniture*，北京，2014年。

23 中国嘉德国际拍卖有限公司《选中之选 器美神完——【嘉木堂】呈献明式家具精品 纪念王世襄先生诞辰百年》，北京，2014年。

24 【嘉木堂】亚毕诺道新馆展销会展品之一，出版于展览图录：Grace Wu Bruce, *Ming Furniture*（《嘉木堂中国家具精萃展》），香港，1995年，16-17页。

25 翘头桌是德国人Gangolf Geis 旧藏，2003年在纽约上拍。见录于Christie's, *The Gangolf Geis Collection of Fine Classical Chinese Furniture*（佳士得《Gangolf Geis收藏之中国古典家具珍品》），纽约，2003年9月18日，拍品号44，72-73页。

26 明王圻、王思义《三才图会》（“器用十二卷十五”），明代绘图类书，明万历刻本，上海古籍出版社，1988年，中卷，1330页。

案类

夹头榫平头案

案形结体家具，腿足缩进安装，这典型夹头榫平头案设计源自古代中国建筑大木梁架的造型与结构。二十世纪家具专家学者关注明式家具，最早着眼于这类外形简约光素，线条清爽的平头案设计，夹头榫平头案现被视为明朝家具典型范例。夹头榫，顾名思义，是在腿足上端开口嵌夹牙条造法的统称，现例特点是带侧脚的腿足分棱瓣，叫瓜棱腿，与一般常见的圆腿有别，传世品中瓜棱腿足平头案十分稀少，别例只能想到香港罗氏旧藏的平头画案[1]。

黄花梨瓜棱腿夹头榫平头案
长 191.2 厘米 宽 59.7 厘米 高 84.3 厘米
美国 西雅图 私人藏品

平头案有大有小。全身光素，圆腿，耳形牙头角位略圆，是最标准的夹头榫平头案造型。

夹头榫

黄花梨夹头榫小平头案
长 81.5 厘米 宽 40.6 厘米 高 77.7 厘米
西班牙 马德里 私人藏品

黄花梨画案。平头案要有相当宽度才可称为画案。腿足扁圆断面近方，牙头长方形，整体感觉稳重。黄花梨夹头榫画案长186.5、宽76、高81.3厘米，用料硕大，边框特厚，全身光素，只沿牙条牙头边起阳线，明榫结构。

明末清初黄花梨木家具实例的颜色变化颇大，由金黄如蜜糖至浓郁深褐红如陈年干邑酒，这画案色泽如浅蜜糖，温润柔和。

黄花梨夹头榫画案
长 186.5 厘米 宽 76 厘米 高 81.3 厘米
美国 纽约 大都会艺术博物馆

[收藏故事]

美国纽约大都会艺术博物馆中国亭园 Astor Court

在1990年初得画案时略嫌其厚重，久观后欣赏他的古朴厚拙，并提供给美国加州中国古典家具博物馆[2]，怎料五年后博物馆把藏品全部在纽约佳士得上拍[3]，当时我希望竞投购回此案，但力不从心，被纽约大都会艺术博物馆代表多加一口价成功得标，画案现陈列在大都会的中国书画馆内。

美国纽约大都会艺术博物馆，早在1976年收购了一批中国明式家具，1981年放置在仿中国古建筑陈列厅“明轩”内。“明轩”毗邻馆内特别建造的中国亭园Astor Court[4]，整体营造出中国苏州园林宅院的优雅细致的生活文化氛围。内置的明式家具七八组，包括琴几、罗汉床、翘头案、联三橱、顶箱柜、一堂南官帽椅等，向无数到访大都会艺术博物馆的参观者展示明式家具的魅力。

黄花梨夹头榫小画案
长 122.1 厘米 宽 73 厘米 高 85.1 厘米
英国 牛津郡 私人藏品

平头案长120厘米，宽73厘米，是小画案。明式家具黄花梨木制的桌案成对实例十分稀少，几乎屈指可数。

黄花梨夹头榫小画案
长 122 厘米 宽 73.8 厘米 高 85.3 厘米
英国 牛津郡 私人藏品

这小画案就有他的孪生兄弟，被我在分隔四年前后遇上，若不是【嘉木堂】有较完善的档案与图片记录，就根本不会知道。能重新凑合失散多年的家具组如椅、柜等，已是令人兴奋的事情，能在不同时代，不同地区发现更加稀少，且原是一对的明代桌案，几乎是奇迹！1987年，我在香港创办【嘉木堂】，十年后在伦敦成立英国【嘉木堂】，小画案早已被英国【嘉木堂】出售到牛津郡大宅，而外国家具爱好者又不一定有中国人对家具要成双成对的情意结，这对兄弟能否隔世重逢还是未知数。庆幸的是在我大力推荐下，英国收藏家同意接纳画案的孪生弟弟，令兄弟重逢，再能一同生活。

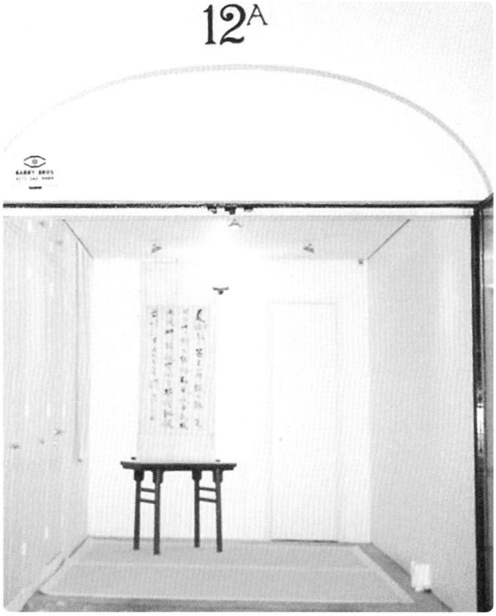

英国伦敦【嘉木堂】入口

带屉板小平头案[5]，案面用斗柏楠镶心，斗柏楠又称骰栢楠，是纹理纵横不直，中有山水人物等图案的瘿木，明代书籍《格古要论》中认为骰柏楠木满面蒲萄为上品[6]。小屉板边框四柨格肩与腿足接合，碰面部位圆腿足有三角形的外凸尖角，与屉框边抹柨内部相连接，令圆材与方材接驳位更紧密完善。这种讲究的造法是少数，多年只见五六例。

斗柏楠案面

黄花梨夹头榫带屉板小平头案
长 70.1 厘米 宽 38.6 厘米 高 80 厘米
英国 威尔特郡 私人藏品

腿足外凸三角形

平头案在牙条牙头设计最常见的变化是卷云纹牙头，广为人知的是在上海博物馆陈列的一件[7]，与现例十分相似。

卷云纹牙头

黄花梨夹头榫卷云纹牙头平头案
长 159.7 厘米 宽 70.3 厘米 高 84.9 厘米
北京 私人藏品

其他牙头设计变化有另类云纹，形状与上例卷云纹有些差别。也有双凤纹与一些较特别的其他纹牙头。

另类云纹牙头

双凤纹牙头

其他纹牙头

在腿足中二横枨内装绦环板是平头案变化中不常见的，能想起的只有两三张。

黄花梨夹头榫云纹牙头平头案

长 192.6 厘米 宽 52.4 厘米 高 78.8 厘米

香港 嘉木堂

有一组数目相当的平头案折叠式构造，可供组装拆卸，专为方便储藏或用于出游旅行而造，笔者发现这组黄花梨木折叠案时，曾在1990年发表论文谈及他们的结构[8]。桌面以标准格角榫造攒边框，打槽平镶独板面心，耳型牙头与牙条一木连做，两端伸出木轴，纳入造于两侧短牙条的臼窝，令牙条在腿足拆卸后可转动，折叠平放于桌面底部内。桌面加上活动式 ⊨ 形腿足架成三组构件，容易放置和搬运。

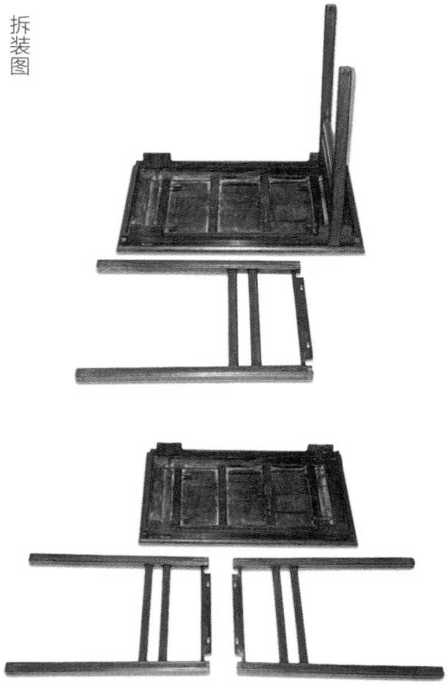
拆装图

黄花梨折叠式小画案
长 106.7 厘米 宽 67 厘米 高 86.8 厘米
香港 私人藏品

夹头榫翘头案

夹头榫翘头案，基本结构与平头案相同，分别是两端高起成翘头。这以厚独板为面的翘头案长288厘米，高95厘米，撇足香炉腿，牙头外形作云纹，上面铲雕出卷云螭龙头纹，管脚枨以上的档板是透雕拐子螭龙，而侧面牙条则铲雕出回纹。这木料极佳的大翘头案是清初之物，而回纹装饰也被家具圈人认为是清初才开始使用。

黄花梨夹头榫独板面龙纹档板翘头案

长288厘米 宽37.5厘米 高95厘米

德国 杜塞尔多夫（Düsseldorf） 私人藏品

铁力木夹头榫独板面云纹档板带托子翘头大案
长343.5厘米 宽50厘米 高89厘米
北京 故宫博物院
（录于朱家溍、王世襄编《中国美术全集 工艺美术编 二 竹木牙角器》，文物出版社，北京，1987年154页）

这件343.5厘米长，89厘米高的翘头案是铁力木造，现藏于故宫博物院[9]，原为琉璃厂文物店论古斋之物，1950年故宫收购。这与前例不同是两腿足不撇出成香炉腿，而是两足插入托子支承，而牙头与档板的装饰不用龙纹，用象纹与直挂垂云。

故宫铁力木案与上例同样有回纹装饰，故宫案可见于吊头两端，但这巨案底部有阴文款识："崇祯庚辰仲冬制于康署"，据此得知是于公元1640年晚明造成。

刚不是说了有回纹就是清初之物吗？现例提醒大家单靠回纹断代是不准确的，如前例更有年代指标性的应是档板透雕的拐尾龙纹，牙头的外形与腿足外撇成香炉腿而不插托子的造法，而断代更是要对实物有丰富认识与多方面考究才比较完善，绝对不能纸上谈兵。

回纹装饰（录于古斯塔夫·艾克《中国花梨家具图考》，地震出版社，北京，1991年，123页）

案面底部阴文款识「崇祯庚辰仲冬制于康署」

黄花梨活榫结构灵芝纹带托子独板翘头案
长 216.5 厘米　宽 44.5 厘米　高 82.5 厘米
北京　中国文物信息咨询中心

这件带托子灵芝纹或称云纹的独板翘头案，就没有争议地被公认为是明代制品，他是活榫结构，可开可合的一件，为北京中国文物信息咨询中心藏品。活榫结构传世品也有相当数目[10]，他们虽然也是可装可卸，但与前例的折叠式平头案构造有别。翘头案能简易地拆卸成九件构件，但不备方便携带的条件，构件有四根小枨，需要包扎，搬运时才不易失散，而卸下的长牙条，更要小心放置才不会折断，所以可开合结构的桌案，不是为方便储藏或用于出游而制，而是为特大或特重的家具，比较容易由作坊运送到用家才装组而设，与架子床床座上部构件均可拆卸的结构理念一致。这具灵芝纹独板翘头案，不但独板特别厚重，连牙条与锼出灵芝纹的档板也比一般同类构件厚出一倍，用可开合结构造，就能节省搬运人力。

翘头案九件构件

作者与谢小铨主任摄于中国国家博物馆「文化遗产日特别展览」，2006 年

[收藏故事]

2006年6月10日是中国首个“文化遗产日”，中国国家博物馆在北京天安门南侧馆内举办“文化遗产日特别展览”展出从全国文物博物馆单位珍贵藏品中精选出的一百多件套文物，目的是有系统地反映近年来文化遗产保护显著成果。黄花梨活榫结构灵芝纹独板翘头案，就是展品之一[11]。明式家具能登大雅之堂展出于中国国家博物馆（前身为中国历史博物馆），相信是第一次。翘头案是2005年中国文物信息咨询中心从【嘉木堂】征集的一组明式家具中的一件。咨询中心代表国家文物局与财政部实施“国家重点珍贵文物征集”政府工作项目，而明式家具能跻身于传统古代书画、瓷器、青铜器之列首次成为国家收藏目标，与咨询中心谢小铨主任不无关系。谢小铨主任是国家博物馆派往中心工作的专家，也研究家具，认定明式家具是中国文化遗产重点之一。令官方关注明式家具收藏领域，并将其列入国家文化遗产的功德，后人自有定论。

灵芝纹带托子翘头案
《金瓶梅词话》插图
「薛媒婆说取孟三儿」
明崇祯刻本

灵芝纹带托子翘头案
《凰求凤》插图「贤」
清顺治刻本

黄花梨灵芝纹档板带托子小翘头案
长 94.3 厘米 宽 38.7 厘米 高 79.7 厘米
美国 芝加哥 私人藏品

小型的翘头案不常见，此件黄花梨灵芝纹档板带托子小翘头案，设计与上例基本一致，看来灵芝纹在明代家具中颇流行。

传世翘头案实例，以拐尾龙纹居多，一般感觉富丽秾华，大多数不带托子。灵芝纹或称云纹是较典雅的种类，带托子造法年分比撇足做早，亦是在明末清初书籍版画插图较常见的造型。《金瓶梅》“薛媒婆说娶孟三儿”一回之插图中也能见灵芝纹带托子的翘头案，这是明崇祯的刻本[12]。顺治传奇小说《凰求凤》中也见灵芝纹带托子的翘头案[13]。

黄花梨夹头榫带托子翘头案
长 230.6 厘米 宽 48 厘米 高 80.2 厘米
北京 私人藏品

翘头案档板

此张近两米半长独板带托子翘头案，牙头镂花叶透雕，形状优美典雅。档板用斗簇与攒接两种手法造成，四簇云纹图案，用短材将每组攒接起来，行列分明。这些装饰使大翘头案轻盈灵活。

［收藏故事］

大翘头案的近代收藏历史，颇能见证明式家具在二十和二十一世纪的经历。1998年夏季在香港购得翘头案，喜欢他的独特攒斗档板图案，觉得应该将他刊登出版留个痕迹，就挑选其为2000年冬季伦敦【嘉木堂】展览品，刊登在在同步出版的展览目录中[14]。英国伦敦市每年11月举办伦敦亚洲艺术节（Asian Art in London），当地博物馆、拍卖行、业者店铺会安排各种亚洲古董艺术品展览、宴会、拍卖等等活动支持艺术节，吸引大批欧美收藏家、博物馆、业者云集伦敦。伦敦【嘉木堂】也会举办特展响应。就在这时节，美国纽约华尔街金融机构高盛的投资顾问到伦敦，购入翘头案，运回纽约大宅。七年后，大宅装修，改变室内设计，大批家具包括黄花梨翘头案被送到纽约苏富比上拍[15]。在2007年，明式家具市场供不应求，精品黄花梨木家具十分难得，这个大好机会，当然不会放过！购回翘头案后，翌年以他作荷兰马斯特里赫特（Maastricht）举办的国际古董艺术博览会TEFAF展览目录封面。博览会在2007年，世界顶级画廊古董商参展有二百多家，入场人数达七万多，可想而知TEFAF博览会是全球古董艺术品市场重点，但以往未见有从中国大陆到访的观众。2008年，牙头锼花叶纹四簇云纹翘头案，放置在【嘉木堂】TEFAF展厅正中，耀眼夺目。突然，一位北京青年业者行家迎面而来，二话不说，购买了！由香港到伦敦，到纽约，再回香港，又到马斯特里赫特，再卖到北京，世界轮流转，明式家具旅游记。

英国伦敦【嘉木堂】外貌

荷兰马斯特里赫特国际古董艺术博览会 TEFAF 2008 年【嘉木堂】展厅

这件腿足和托子中装壶门式的圈口牙子而不装档板，是翘头案的另一型式。

黄花梨夹头榫带托子翘头案
长 179 厘米 宽 41.6 厘米 高 83.4 厘米
荷兰 海牙 私人藏品

还有全素不带托子，两腿足中安横枨的结构[16]。

黄花梨独板面翘头案
长 183 厘米 宽 37.8 厘米 高 84.3 厘米
香港 嘉木堂

插肩榫平头案

这是一具艺术价值颇高的插肩榫平头案例子，牙条上的壶门轮廓，圆劲有力，牙头左右各锼出带叶纹卷云式，旁吐微尖，如嫩牙初茁。腿上起一柱香线，足端刻仰俯云纹，以下应是半枚银锭似的足作结束，现已糟朽。全案沿着牙腿边线起十分利落的阳线，使平头案显得挺拔精神，堪称明代家具上品[17]。

这类插肩榫结构，中小型的平头案在上世纪被北京工匠统称为“酒桌”。插肩榫与夹头榫的外观分别，是腿足上端开口嵌夹牙条的部位，插肩榫是与牙条齐平的，而夹头榫案的腿足是向外凸出，不与牙条平齐。

黄花梨插肩榫酒桌
长 89.9 厘米 宽 57.1 厘米 高 76.8 厘米
菲律宾 马尼拉 私人藏品

插肩榫

仰俯云纹足

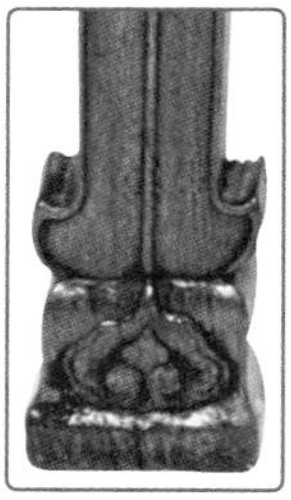

传世品中黄花梨木插肩榫酒桌十分稀少，这具设计空灵，冰盘上部平直然后急速向内削成干净利落斜面。牙条特窄，由犀利有力直线转微弧形与腿足相交，修长腿足中央起一柱香线，由地面直贯桌面，分外醒目，整体显得格高神秀，超逸空灵[18]。

这具比利时侣明室旧藏跨越时空的设计[19]，符合艺术学中的极简最低限的设计理念，在欧洲家具专家眼中特别受用，曾在巴黎吉美国立亚洲艺术博物馆与瑞士巴塞尔展出[20]。

黄花梨铁力木插肩榫酒桌
长 92 厘米 宽 43.2 厘米 高 80.6 厘米
北京 私人藏品

这又是一件美丽的插肩榫酒桌，面装绿纹石，这么多年就只听到、见到两件如此结构的绿纹石面黄花梨插肩榫平头案。另一件以前属北京硬木厂，长度略长但稍窄，著录于王世襄先生的《明式家具珍赏》[21]，现归香港攻玉山房[22]。

黄花梨绿纹石插肩榫酒桌
长 95 厘米 宽 58.5 厘米 高 85.5 厘米
南非 开普敦 私人藏品

架几案

由两个方形或长方形几作支架，上面搭放一块面板而成的书案称架几案，是典型明式家具结构之一，由于架几案的独板面易与案几分离，加上在传统家具不被重视的年代，大块独板是破坏者用来分割制造其他木制品的明显目标，因此传世品为明末清初制者十分稀少。

黄花梨独板架几案，长291.2厘米，宽40厘米，高85.5厘米。几与独板四面皆平直，结构采用了极为简练全身光素的造法，每个构件交代得干净利落，比例匀称，是优秀的明代家具上品。

［收藏故事］

纽约国际亚洲艺术博览会（The International Asian Art Fair）是每年春天纽约市最重要的活动之一，目的在将美国、欧洲及亚洲地区的顶尖古董商聚集在一起，并展出各自收藏的中国、印度、日本、韩国及东南亚等地区博物馆级的各式艺术品，包括陶瓷、书画、铜器、雕塑、家具、编织工艺、地毯、鼻烟壶等等，所有展出品项都是由各家参展艺廊严选，介绍给成千上万前往博览会的民众，是国际化的

黄花梨独板架几桌
长291.2厘米 宽40厘米 高88.3厘米
三亚 私人藏品

美国纽约国际亚洲艺术博览会
IAAF 1997 年【嘉木堂】展厅

亚洲艺术及古董重要市场。于1996年开办。近三米长的黄花梨独板架几案，就是2005年【嘉木堂】重点展品之一。

早在1997年【嘉木堂】就开始参展纽约国际亚洲艺术博览会。参加国际级水平的博览会不是易事。首先本身收藏事业要有相当成就才会被邀请，或是申请参展被接纳。开始策划要关注参展品得包涵的各样品种，还需一些耀眼的亮点令整体展出有焦点。譬如，不能只有桌案而没有椅子，不能只有椅凳而没有柜架；或展品是一般基本式而没有稀少难得一见的卓越代表作等。要知古董艺术品是可遇不可求，能成功追求到满意的组合，不单要靠不断的努力，还需要幸运之神的眷顾。组成后不出售，而等待至若干月后的展览日期才推介，又是对从商经济实力的考验。接踵而来的就是场地展厅设计、建造、货运等事。越洋参加博览会，更将策划备展时间拉长而至经济压力增大，当然还要负担参展费、场地建造费、工作人员旅费、食宿费与展览后回家的善后费用等等。局外人不知内幕亦难体会文化古董业界的付出。

2005年【嘉木堂】在艺术杂志刊登纽约博览会告示，采用黄花梨独板架几案[23]，而未能远赴纽约的中国无锡籍明式家具收藏家，看图片后就一锤定音买去！

黄花梨独板架几平头香案
长 452.5 厘米 宽 56.5 厘米 高 93 厘米
北京 私人藏品

黄花梨独板架几平头香案，452.5厘米长，56.5厘米宽，高93厘米，独板中部9厘米厚，两端8厘米厚，搭放在两个带托子的T字形支架几上。独板冰盘上舒下敛，至底起轻微外撇线脚，T字形支架几上端由两根上长下短些的横枨组成，以榫卯结合腿足，腿足下插托子，中间支以三根直枨形成两个长方空间，嵌入边起阳线的圈口牙子。前后短横枨间贯以四根直带加固支架几，承载巨形450多厘米长独板。

笔者对独板中部比两端厚1厘米的造法百思不得其解，但多年所见硬木架几案，长者只达300到350 厘米，与现例的450多厘米颇有差别，未能起参考作用，只能赞叹古人的聪慧，作出这样的制造方案令香案视觉上取得完美的平直。

巨型黄花梨独板架几香案，是迄今黄花梨木制传世品中用料最大的明式家具。

[注释]

1 原属香港罗氏收藏，见录于毛岱康编《中国古典家具与生活环境》，香港，1998年，152-153页。后归中国福建收藏家所有。

2 画案见录于英文版图录：Wang Shixiang and Curtis Evarts, *Masterpieces from the Museum of Classical Chinese Furniture*, Chicago and San Francisco, 1995, p116-117. 中文版两年后出版：王世襄编著、袁荃猷绘图《明式家具萃珍》，美国中华艺文基金会Tenth Union International Inc，芝加哥·旧金山，1997年，90-91页。

3 Christie's, *Important Chinese Furniture, Formerly The Museum of Classical Chinese Furniture Collection*（佳士得《中国古典家具博物馆馆藏珍品》），纽约，1996年9月19日，拍品号16，50-51页。

4 Murck Alfreda and Fong Wen, *A Chinese Garden Court, The Astor Court at The Metropolitan Museum of Art. Reprinted from The Metropolitan Museum of Art Bulletin*, Winter, New York, 1980/81, p49.

5 Grace Wu Bruce, *Ming Furniture: rare examples from the 16th and 17th centuries, London Exhibition*（《嘉木堂中国家具精萃展》），香港，1999年，10-11页。

6 明曹昭撰、王佐增补《新增格古要论》（卷八页四"骰栢楠"条），上海自强书局印行。

7 庄贵仑《庄氏家族捐赠上海博物馆明清家具集萃》，两木出版社，香港，1998年，80-81页。

8 Grace Wu Bruce, Examples of Classic Chinese Furniture 1. A Folding Table, *Oriental Art*, Winter 1990/91, New Series Vol.XXXVI No 4.

9 朱家溍《故宫博物院藏文物珍品全集 明清家具》（上卷），商务印书馆（香港）有限公司，香港，2002年，166-167页；古斯塔夫·艾克《中国花梨家具图考》，地震出版社，北京，1991年，123页。

10 活榫结构的翘头案例，美国明尼亚波里斯博物馆收藏，出版于：Robert D. Jacobsen & Nicholas Grindley, *Classical Chinese Furniture in the Minneapolis Institute of Arts*, Minneapolis, 1999, p 126-128.

攻玉山房也有一例，见：Grace Wu Bruce, *Chan Chair and Qin Bench: The Dr S Y Yip Collection of Classic Chinese Furniture II*（《攻玉山房藏明式黄花梨家具II：禅椅琴凳》），香港，1998年，94-95页。

故宫博物院也有可开合活榫结构的条案，见朱家溍《故宫博物院藏文物珍品全集 明清家具》（上卷），商务印书馆（香港）有限公司，香港，2002年，144-145、152-153页.

11 《CANS艺术新闻》，台北，2006年6月，52页。

12 《金瓶梅词话》，明代长篇小说，插图崇祯刻本。文学古籍刊行社，册一，第七回。

13 《凰求凤》（"贤"），清代戏曲类书籍，顺治刻本。傅惜华《中国古典文学版画选集》下册，上海人民美术出版社，1981年，844页。

14 Grace Wu Bruce, *Ming Furniture, Selections from Hong Kong & London Gallery*（《明式家具香港伦敦精选》），香港，2000年，18-19页.

15 Sotheby's, *Fine Chinese Ceramics & Works of Art*（苏富比《中国瓷器及工艺精品》），纽约，2007年3月19日，拍品号307，24-25页。

16 嘉木堂《明式家具》，香港，2008年，40-41页。

17 Grace Wu Bruce, *Ming Furniture*（《嘉木堂中国家具精萃展》），香港，1995年，6-7页。

18 同注释5，12-13页。

19 Grace Wu Bruce, *Living with Ming – the Lu Ming Shi Collection*（《侣明室家具图集》），香港，2000年，122-123页。

20 巴黎展览：Musée national des Arts asiatiques – Guimet（吉美国立亚洲艺术博物馆），*Ming: l'Age d'or du mobilier chinois. The Golden Age of Chinese Furniture*（《明——中国家具的黄金时期》），Paris, 2003, p160-161；巴塞尔展览：Schweizerische Treuhandgesellschaft, *Ming:Schweizerische Treuhandgesellschaft and STG Fine Art Services Present the Lu Ming Shi Collection*, Basel, 2003, p29.

21 王世襄《明式家具珍赏》，三联书店（香港）有限公司／文物出版社（北京）联合出版，香港，1985年，图版80。

22 Grace Wu Bruce, *Feast by a wine table reclining on a couch: The Dr. S. Y. Yip Collection of Classic Chinese Furniture III*（《燕几衎榻：攻玉山房藏中国古典家具》），香港，2007年，页62-65。

23 《艺术新闻》，台北，2005年2月，7页；*Arts of Asia*, Hong Kong, March - April 2005, p35；*Orientations*, Hong Kong, March 2005, p6.

明式家具经眼录

炕桌、炕案、炕几类

在床上或炕上使用的矮形桌案称炕桌，桌是腿足在四角的结构，一般为长方形。也有腿足缩进安装的案形与三块板交接而成的几形。传世实例以炕桌为主，而案与几就少得多。炕桌居中摆，以便两旁坐人。他们的制作尺寸有度，一般抹头为大边的三分之二，较窄近条形不符合基本度的炕桌，则属顺墙壁置放炕两旁，用来摆用具或陈设的种类，而不是摆放正中，供阅读，喝茶和吃饭等用。炕是中国北方天气寒冷地区的室内建设，用砖坯等砌成的台座，下面有洞，连通烟道，可以烧火取暖。古代无论是宫廷府邸而至民居，都相当普遍，在部分城市乡镇沿用至今。

［收藏故事］

笔者仅是近年才首次接触到以炕为中心的生活。2001年春节访京，研究清代家具的田家青先生，约了一群北京朋友，都是对古典家具热衷之人，齐到资深家具人张德祥先生家中谈家具。其时笔者不久前刚撰写并出版了《生活于明》（*Living with Ming*）一书[1]，当天热门话题即是国内外收藏古典家具观点的相同与差异。张家设木炕，笔者不知就里地炕上坐，谈家具。二十世纪后期的北京，也如香港而至国外，受王世襄先生大作——1985年出版的《明式家具珍赏》影响，掀起了明式家具热，在1990年成立了中国古典家具研究会，提倡古典家具研究，促进会员交流，并定期出版会刊。笔者亦曾撰文发表于期刊中[2]。而当天出席炕上雅集的就有多位是会中成员。

侣明室收藏专辑
《生活于明》封面

黄花梨有束腰三弯腿螭虎龙纹炕桌
长 92.5 厘米 宽 59.2 厘米 高 30.2 厘米
香港 嘉木堂

黄花梨有束腰三弯腿螭虎龙纹炕桌[3]，是最基本常见的炕桌造法。桌面拦水线。“拦水线”名称源自远古，据说与汉代小矮食案沿边起线防止汤水泄地有关。冰盘沿，壶门轮廓牙条与三弯腿均起阳线，牙条铲地雕双向螭虎龙卷草纹，四角肩部刻下垂花叶，意在模仿金属包角，足端卷转内翻马蹄，上刻弧圈。这基本式最常见的变化是牙条雕出卷草纹而不用龙纹。

黄花梨有束腰三弯腿炕桌
长 95.5 厘米 宽 66 厘米 高 26.7 厘米
比利时 安特卫普 私人藏品

黄花梨炕桌光素无纹饰，只在牙条中部刻分心花，壶门轮廓两旁多增曲线，与三弯腿上部卷转曲形相呼应，足下外翻马蹄踩小圆球，一木连做[4]。

黄花梨有束腰齐牙条大炕桌
长 103.3 厘米 宽 68 厘米 高 31.6 厘米
巴西 圣保罗 私人藏品

此桌长103.3厘米，宽68厘米，高31.6厘米[5]，属体积较大的炕桌系列。冰盘沿压三道线脚，束腰下加装宽而厚的托腮，牙条镂出壶门轮廓，铲地浮雕缠枝莲纹，与三弯腿齐头碰做。不用格肩榫，目的是保持肩部刻的兽面花纹完整。足端刻虎爪，桌面周边起拦水线。

托腮、兽面足肩

黄花梨有束腰三弯腿炕桌

长 88.7 厘米 宽 61.4 厘米 高 29.7 厘米

瑞士 苏黎世 私人藏品

此件炕桌虽然少雕饰，但腿上刻出不断卷转的轮廓。冰盘，托腮也压多道线脚，中刻分心花的牙条形状亦夸张，两旁更出曲线，令炕桌整体感觉富丽秾华。

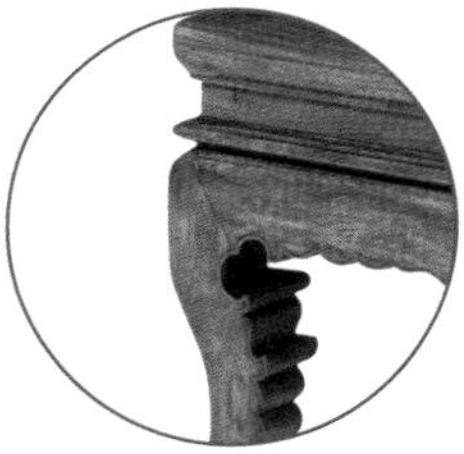

卷转腿足，冰盘托腮线脚

黄花梨有束腰马蹄足炕桌
长 97.2 厘米 宽 62.5 厘米 高 29 厘米
北京 私人藏品

黄花梨有束腰马蹄足炕桌，直牙条，直腿下展成如高形桌的马蹄足，是炕桌不常见的造法。桌面四角包云纹铜。

附金属饰件炕桌，除故宫保存多具，传世实例尚不多见。

铜片包角

黄花梨鼓腿方炕桌
长 76.8 厘米 宽 76.5 厘米 高 27.7 厘米
比利时 布鲁塞尔 私人藏品

炕桌长76.8厘米，宽76.5厘米[6]，成方形，方炕桌比长方形炕桌少得多。此桌冰盘劈料做三混面，肩部向外彭出，直牙条腿足起阳线，内翻马蹄显著，都属不常见的炕桌造法。

冰盘三混面

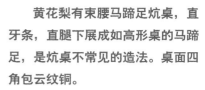

黄花梨有束腰三弯腿叶纹卷球足小炕桌

长 44.5 厘米 宽 32 厘米 高 21.5 厘米

菲律宾 马尼拉 私人藏品

小炕桌长44.5、宽32、高21.5厘米，是适宜摆床上用的一张。桌面拦水线，冰盘沿压两道线脚，束腰颇高，牙条锼出壶门轮廓，两旁出小钩，中部刻分心花，四角从束腰雕下垂花叶，牙腿起宽而饱满的灯草线，足端卷转成珠又翻出花叶，下承以圆珠垫，一木连做。

花叶纹卷珠腿足

这二十多年在市场出现的明式家具实例，有一组桌案以前不为人知，他们可装可卸，以各种特别榫卯结构造成，一般可以简易地折叠起来方便储存或搬移到室外亭园使用，又或用于出游旅行。笔者发现这组实例时，曾在1990年撰文略谈一具可装可卸的折叠平头案的结构[7]。除了一系列的平头案，能折叠的炕桌也有相当数目。

黄花梨折叠炕桌[8]，桌面一开为二，每边格角攒边打槽平镶面心板，碰面角位各装铜铰链，令桌面能折起。壶门式牙条也分两份做，三弯腿能折叠并收入桌面内空间。桌面铜铰下有铜钩构件，用来固定展开的两半桌面，拆卸后可将炕桌对叠成长方盒形。

折叠图

黄花梨有束腰三弯腿折叠炕桌
长72.5厘米 宽48厘米 高28厘米
美国 纽约 云外楼

案形结构腿足缩进安装的炕案已经是不常见的品种，这件能折叠就更加特别[9]。桌面四周起拦水线，冰盘沿与牙条沿边起线，牙条正中有尖的壶门式轮廓，弧度柔和自然，中刻小圈两卷相抵，连木做牙头两旁锼两叶。形状优美的腿子，也翻出叶形，足端刻卷转纹，下承半小球垫。两腿足间支以横枨成梯状，两组梯形构件以榫卯与桌面框边抹底部相接，更能卸下向横折叠在炕案面内。实例折叠炕桌案有多种结构，变化颇大，这里只举这两例。

黄花梨折叠炕案
长 85 厘米 宽 41.7 厘米 高 25.8 厘米
香港 攻玉山房

黄花梨独板翘头炕案
长131厘米 宽34厘米 高30厘米
北京 业界

黄花梨独板翘头炕案，长131厘米，宽34厘米，高30厘米，成条案形，是顺墙壁置放在炕两旁，用来摆陈设或用具的一件，传世实例比居中摆放长方形的炕桌少得多。独板木纹生动华美，两端装有翘头向下延伸格肩接入独板案面成为抹头，是标准翘头案造法。腿足下端外撇，上端开口嵌夹浮雕生动螭虎龙纹的牙子。

[收藏故事]

中厅

位于北京朝阳区酒仙桥道大山子地区的798艺术区，每天都有无数游人穿梭于区中的画廊、艺术中心、艺术家工作室、设计公司以及餐饮酒吧等各种空间。区中的核心广场旁边，是798最具代表性之一的原电子工业厂房，巨大的现浇架构，明亮的天窗，是一座典型的包豪斯风格建筑物。2014年秋季九月的一个下午，这798艺术工厂，迎来了几百位嘉宾，参加“7间房”展览[10]的开幕仪式。

玄关

炕房

客厅

餐厅

收藏间

书房

“7间房”全名是“7间房——【嘉木堂】明式家具现代生活空间暨王世襄先生纪念室展览”。是我策划在2014年纪念王世襄先生百年诞辰的结尾活动。概念是采用现代家居环境展示【嘉木堂】的收藏，让古老的明式家具在当代精彩亮相，呈现明式家具与现代生活空间的和谐与融洽，呈现明式家具永恒之美。7间房即是：玄关、客厅、餐厅、收藏间、炕房、书房以及王世襄先生纪念室。是次展览，得到中国嘉德赞助，有众多部门投入工作。把庞大、风格豪迈的厂房改变为精致、时尚和细腻的7间房。近乎魔术性的作业，则归功于市场部的杜威、他的助手薛贺以及金兵团队。他们卓越的表达能力，专业敬业的工作精神让人感动，成果更把明式家具推展至更广阔的群众面。来自798艺术区的众多当代艺术家，艺术爱好者、游人、学生团等参观后，无不惊叹展览概念的创新，明式家具的经典。

王世襄先生纪念室

此具黄花梨螭龙纹独板翘头炕案，就置放于“7间房”之炕房中。

炕几以三块黄花梨板构成，长96.7厘米，宽32.5厘米，高43.3厘米[11]。直角相交处，用闷榫接合，在转角位安透雕云纹角牙，板足凿方形开光，中部翻出大灵芝形云头，边压宽扁线脚，足底卷书另用木条拼贴而成，看面与角牙打洼。

三块板构成的珍贵硬木做几案异常稀少，而笔者多年亲历而又断代为明末清初之器，就只有此几与下例。

黄花梨透雕灵芝纹炕几
长96.7厘米 宽32.5厘米 高43.3厘米
香港 攻玉山房

紫檀琴几
长162厘米 宽45.5厘米 高35.5厘米
台北 陈启德先生藏品

紫檀琴几长162厘米，宽45.5厘米，高35.5厘米，用紫檀厚板制成。几面与板足以闷榫相交接合处，削去硬棱，镂出柔婉弧度自然圆角，板足弯转向下束腰，然后再向外向下弯，以闷榫连结向内兜转的卷足，接驳位同样削棱取圆角成卷曲之势，通体谐调一致，幽雅沉穆，是明式家具上上神品[12]。

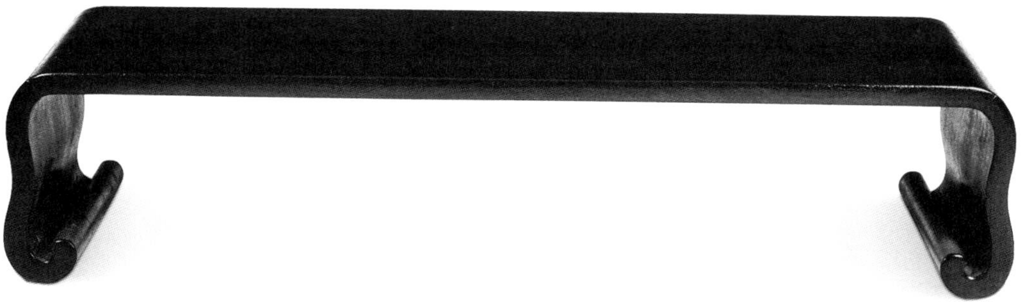

［收藏故事］

1992年，台北同行业者洪光明来电，代陈启德先生预约笔者，希望访港时参观【嘉木堂】。如学生模样的陈先生步入陈列室，仔细观察每一件家具。话不多，似是用心灵感应眼前的一切，跟着挑选了一小组价值不菲的家具，运回台北。这一幕与艺术品文静的交流，在笔者心中留下印象。不久后得到此件紫檀琴几，隐约觉得近期到访的儒雅青年，当是琴几的真命知音者，便越洋推介。就这样开始，笔者踏入了一位审美水平高，追求幽静之美的收藏家世界[13]。

紫檀木制明式家具传世品如凤毛麟角，此琴几是多年见中最优秀、最具内涵的一例。1999年台北历史博物馆举办“风华再现：明清家具收藏展”，借自中国大陆，香港与台湾两岸三地公家与私人收藏品的家具专题展览，此紫檀琴几就是展品之一[14]。

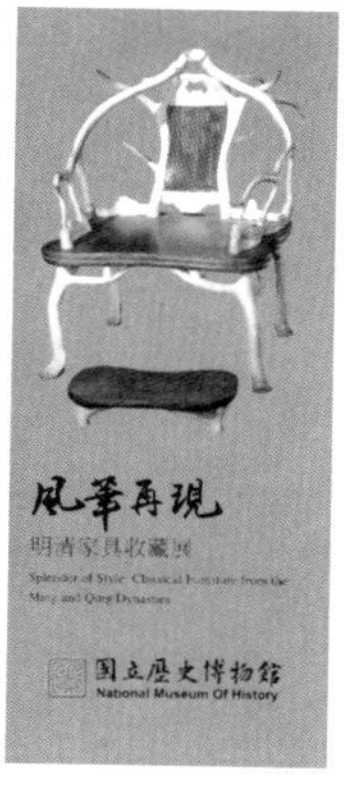

台北历史博物馆「风华再现：明清家具收藏展」请柬 1999年

［注释］

1 Grace Wu Bruce, *Living with Ming – the Lu Ming Shi Collection*（《生活于明——侣明室家具图集》），香港，2000年。

2 伍嘉恩〈中国古典紫檀家具——几件明及清初实例及其纵横探讨〉，《中国古典家具研究会会刊》第十二期，北京，1992年11月，28-48页。

3 此炕桌是【嘉木堂】2008年秋展的展品之一。嘉木堂《明式家具》香港，2008，48-49页。

4 伦敦【嘉木堂】1999年展出此炕桌，被比利时私人收藏家买去。著录见Grace Wu Bruce, *Ming Furniture: rare examples from the 16th and 17th centuries, London Exhibition*（《嘉木堂中国家具精萃展》），香港，1999年，22-23页。

5 此炕桌刊载于【嘉木堂】马斯特里赫特城TEFAF2006年展览会特刊中：Grace Wu Bruce《荷兰马城展览》，香港，2006年，图版7。

6 方炕几是【嘉木堂】2000年展览展品之一，出版于展览图录。Grace Wu Bruce, *Ming Furniture, Selections from Hong Kong & London Gallery*（《明式家具香港伦敦精选》），香港，2000年，20-21页。

7 Grace Wu Bruce, 'Examples of Classic Chinese Furniture 1. A Folding Table', *Oriental Art*, Winter 1990/91, New Series Vol.XXXVI No 4, p233 - 235.

8 此具折叠炕桌【嘉木堂】得自1987年，其后辗转归香港藏家，载录于：毛岱康编《中国古典家具与生活环境》，香港，1998年，132-133页。近年为纽约云外楼收藏，载录于《云外楼藏中国艺术品》Nicholas Grindley, The *Yunwai Lou Collection of Chinese Art*，香港，2013年，限量发行100套，编号36。

9 香港叶氏藏品，刊载于：Grace Wu Bruce, *Chan Chair and Qin Bench: The Dr S Y Yip Collection of Classic Chinese Furniture II*（《攻玉山房藏明式黄花梨家具II：禅椅琴凳》），香港，1998年，122-123页。

10 展览同步出版图录。中国嘉德《7间房【嘉木堂】明式家具现代生活空间展 暨王世襄先生纪念室》，北京，2014年。

11 香港叶氏藏品。同注释9，86-87页。

12 笔者撰文《实用雕塑》中有载录紫檀琴几。Grace Wu Bruce, Sculptures To Use, *First Under Heaven: The Art of Asia*, Hali Publications Ltd, London, 1997, p83.

13 紫檀琴几在陈氏晚明书画展内的文人书房空间出现，艺术新闻杂志专题报导是次在台北鸿禧美术馆举办的展览。《艺术新闻》，台北，2001年9月，60页；2001年10月，15页。

14 台北历史博物馆《风华再现：明清家具收藏》，台北，1999年，132页。

椅类

椅背形状圆如圈，以楔钉榫五接或三接而成，扶手出头，椅盘下设券口牙子，腿足外圆内方，是圈椅的基本形式。此椅三接，圈背抛出大圆形，扶手弧弯度也特大，靠背板浮雕如意头形花纹一朵，由生动卷尾双螭组合而成，上端两侧有与靠背板连做的托角牙子。椅盘下券口牙子，曲线圆劲有力，浮雕卷草纹[1]。圈椅后背和扶手连接斜形一顺而下，令坐者不仅肘部有所倚托，腋下一段膀臂也能得到支承，这是圈椅的一大特点。

圈椅是明朝家具主要椅型之一，世界各类家具发展史中，唯独中国家具有圈椅形设计，二十世纪家具设计师从中得到启发，创作出各种现代椅具，为人所知。

黄花梨螭纹开光圈椅
长 60.7 厘米 宽 47 厘米 高 100 厘米
法国 巴黎 私人藏品

如意头开光

黄花梨木五接圈椅长63厘米，宽49.3厘米，高106厘米[2]。体积比一般圈椅高与大。设计与前例基本相同，但全身光素，只在椅盘下券口牙子起阳线。此椅选料讲究，木纹生动华美，将黄花梨木的特色展现得淋漓尽致。

明朝座次有等级之分，大位均保留予长者与贵宾，此件大型圈椅在明朝相信是较重要的座具。

黄花梨大素圈椅
长63厘米 宽49.3厘米 高106厘米
香港 嘉木堂

素背板

圈椅扶手不出头而与鹅脖相接，也略去联帮棍的做法，属较少见的例子，靠背三段攒成，上段落堂作地透雕云纹，中段平镶木板，下段为落堂卷草纹亮脚。椅盘下采用罗锅枨加矮老。

明代座椅四根管脚枨的安排标准造法，正面一根最低便于踏足，两侧的两根高些，而后面的一根最高，匠师称为“步步高赶枨”。亦有如现例，两侧管脚枨最高的“赶枨”造法。目的是避免纵横的榫眼开凿在同一高度上，以至影响到椅子的坚实，两种皆是标准明代椅管脚枨的造法。

红木攒靠背扶手连鹅脖圈椅
长 59.3 厘米 宽 48 厘米 高 88.4 厘米
比利时 布鲁塞尔 私人藏品

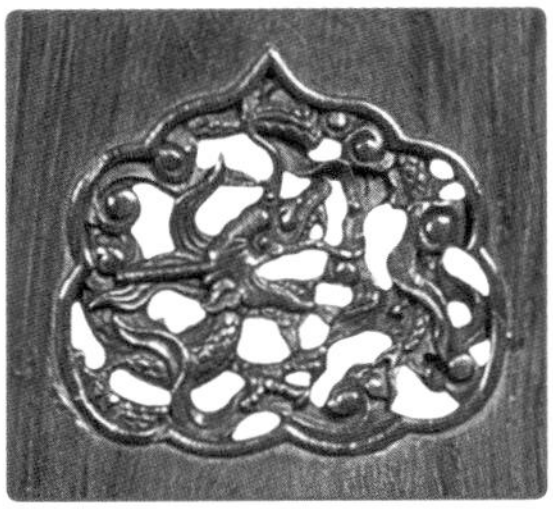

透雕游龙开光

鲤鱼翻跃波涛纹

此椅靠背板上做出壶门形开光，起饱满的灯草线，开光内透雕游龙纹，玲珑剔透。下端刻山形，起阳线，内高浮雕鲤鱼翻跃波涛，寓意仕途得志，飞黄腾达。后腿上截与前腿上截的鹅脖与椅盘下腿足一木连做，上圆下方，方腿立面平直，安高罗锅枨牙条，紧贴座下横枨，与腿足齐平。这些都是圈椅不常见的造法。

黄花梨透雕龙纹开光圈椅

长 59.6 厘米 宽 46.4 厘米 高 100.7 厘米

香港 攻玉山房旧藏

【嘉木堂】1987年得此圈椅，在前言图版中可见其陈列在香港毕打行【嘉木堂】展厅，售出给伦敦业界。不说不信，他们竟然幸运地在英国遇上圈椅失散了的另一半，凑成一对。更妙的是香港收藏家叶承耀医生赴伦敦逛古董店时遇上，又整一对搬运回香港！

叶承耀医生，香港知名收藏家团体“敏求精舍”成员。收藏中国古典书画，斋名“攻玉山房”。1988年着眼明式家具，积极罗置，三年内得六十八件套。1991年9月香港中文大学文物馆以整馆之地展出叶氏藏明式家具，笔者撰写专集[3]。独家藏器印成专册，中外所无，在当年是创举。因为叶氏藏品几乎全部购自【嘉木堂】，笔者在展览期间邀请了中外知名中国文博学者连笔者共七位，出席巡回讲座，发表明式家具研究新信息[4]，开创以明式家具为专题的国际研讨会先河。（箱、橱、柜格类207-209页黄花梨大方角柜篇内有详细阐述是次展览与研讨会）上世纪90年代中后期，叶氏藏品借展于亚洲、美洲与欧洲多家博物馆。在1998年再出版收藏专册续集[5]，发表1991年后所得的明式家具。2002年，纽约佳士得举办叶承耀医生明式家具专拍，印精美图录全球发放[6]。拍卖后叶医生没有停止收藏，在2007年更再次在香港中文大学文物馆展出以前未曾出版的古典家具七十二件套。笔者亦再撰写叶氏收藏专册第三集[7]。展览陈设场景安排有度，大方悦目，甚受参观者赞赏。十多年叶承耀医生为“攻玉山房”藏品不遗余力地作展览，出版，在文物界建立了极高的知名度，特别是在香港，而至亚洲，甚至世界各地有展出的城市。这些活动直接将明式家具推展至更广阔的群众面，吸引了更多专家学者与收藏家的注意。今天中国明式家具成为世界各地私人收藏家与博物馆争相收藏的必备项目，叶承耀医生亦有贡献。

叶承耀医生，1991 年

作者、高美庆馆长、叶承耀医生伉俪、王世襄先生摄于香港中文大学文物馆「攻玉山房」展览开幕式，1991 年

黄花梨三接圈椅，靠背板雕团螭纹圆开光，形态生动。座面下券口牙子壶门弧弯度大，两旁直牙中部吐尖，如嫩芽初茁。鹅脖退后，另木安装，不与前足连做，镂出弯度较大的轮廓。联帮棍也三弯卷转与各弧弯部位相呼应，造型优美。前后腿子间安一双管脚枨，这种造法在明代书籍版画插图中常见，但传世品中实例不多。

鹅脖退后

侧面安管脚枨一双

黄花梨团螭纹圆开光圈椅

长 60 厘米 宽 45.6 厘米 高 101 厘米

北京 私人藏品

黄花梨素圈椅成对

长60厘米 宽47厘米 高100.5厘米

美国 西雅图 私人藏品

古代椅凳制造时是成双成对的，也有四具成堂，但流传至今的实例十分稀少，而多于四具，更是屈指可数。此对圈椅的特点在每腿子上截两旁皆安长窄牙子，上部略宽，斜形收窄再直落至底，上接扶手，下嵌椅座面；靠背板与联帮棍一弯而不是三弯形；椅盘下三方用素直券口牙子，沿边起阳线。所见实例中这类圈椅皆包含这些特征[8]。

此对圈椅长55.5厘米，宽42.6厘米，高86.5厘米。体积较小，扶手五接，不出头，与鹅脖相连，向后大弯插入椅盘面。扶手与鹅脖相交处有弧弯形与鹅脖连做的托角牙子，与靠背板上端两侧的角牙相呼应。腿足上圆下方，伸展为内翻马蹄足。座面下只施平直横枨，不安牙子，整体造型十分特殊。

黄花梨小圈椅成对
长 55.5 厘米 宽 42.6 厘米 高 86.5 厘米
美国 贝弗利山 私人藏品

这对黄花梨小圈椅，【嘉木堂】在1989年提供给北加州在1988年成立的中国古典家具博物馆。翌年馆内传来消息，遇上了另一具同样例子，但有残缺，还有椅座一件与其他少部构件。基于他们造型特殊，四具成堂的圈椅实例又不可多得，遂决定买入由残件复修的另一对，凑成一堂[9]。1996年四具圈椅在纽约佳士得博物馆专拍中售出[10]，现藏于加州贝弗利山。

扶手连鹅脖

马蹄足

这对黄花梨圈椅长61.6厘米，宽43.9厘米，高91.8厘米。尺寸相当标准，但造型与结构与一般有别。扶手三接，两端出头回转收尾成扁圆钮形。椅子构件纤细，但三段攒框装板做的靠背板却较一般圈椅宽。背后更髹以厚黑褐漆。三弯形鹅脖向后弯度也较大，并上下附有一双角牙，令整体效果特殊。椅座格角攒边，但不在椅盘四框内缘踩边打眼造软屉，而是踩边成槽沟支承可装可卸的活动屉面，活屉的造法在架子床常见，椅座用活屉，笔者所知实例中只有这组圈椅[11]。

黄花梨攒靠背圈椅成对
长61.6厘米 宽43.9厘米 高91.8厘米
英国 伦敦 私人藏品

髹黑褐漆靠背板

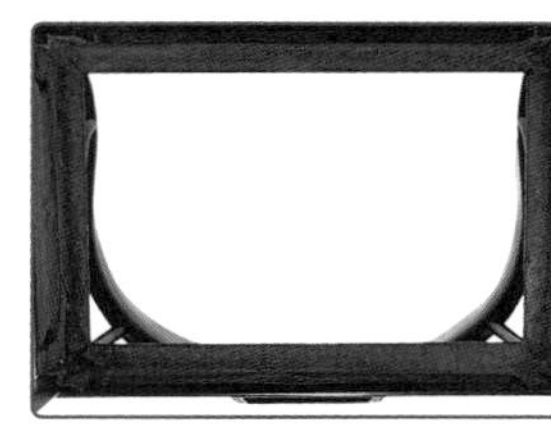

活屉圈椅座底

官帽椅

黄花梨四出头官帽椅，长57.5厘米，宽46.2厘米，高115.1厘米[12]。因搭脑两端与两扶手均凸出腿足上截或鹅脖而称四出头。而“官帽”，有谓椅的形状如古代官吏所戴的帽子而得名。高靠背，靠背板三弯弧形，承托着人的背部，全身光素，搭脑与扶手尽端外弯转后以圆形结尾，是四出头官帽椅的基本形式。

黄花梨四出头官帽椅成对
长 57.5 厘米 宽 46.2 厘米 高 115.1 厘米
香港 私人藏品

此对椅子与上例视觉上最大的分别是他们的搭脑两端与扶手尽端被削至齐平，而不是以圆形结尾，当然还有椅盘下的牙子是正中有尖的壶门式轮廓而非直牙子。不论是圆形或平直结尾，这两种造法均被视为四出头官帽椅的标准式。搭脑中部削出斜坡成枕，以便头部倚靠，亦是官帽椅的基本造型。他们传世实例远比其他椅类稀少。雄伟的外观，舒适的靠背兼备枕头，黄花梨四出头官帽椅就成为现代收藏界最积极追求的扶手椅类。

搭脑圆形结尾

扶手圆形结尾

搭脑削平结尾

扶手削平结尾

黄花梨四出头官帽椅成对
长 57 厘米 宽 44.7 厘米 高 110.5 厘米
南非 开普敦 私人藏品

[收藏故事]

此对四出头官帽椅，刊登在1994年伦敦古董艺术博览会GHAAF（The Grosvenor House Art & Antiques Fair）场刊内的一页[13]，是【嘉木堂】的展品。GHAAF博览会每年六月在伦敦举行。英国六月是一年社交最活跃的季节，皇家阿斯科特马赛（Royal Ascot），温布尔登网球大赛（Wimbledon Tennis Championships），多种慈善筹款大舞会，艺术古董展览会与拍卖，都在六月举行。世界各地各阶层富豪，上流社会绅士淑女，商界精英，在六月云集于伦敦，而GHAAF博览会就是社交圈必到之地。

【嘉木堂】在1993年被邀请出席GHAAF参加展览。长途跋涉，从香港去几千里外的伦敦举办家具展览，费用不菲。当年明式家具是冷门项目，极少数人认识，更谈不上收藏，觉得风险甚大，也许是不太明智之举。犹疑再三，但心中深处认为永恒的艺术品必有知音，遂毅然不顾一切，远道而行。既然决定，就要做好，聘请建筑师设计场地，令明式家具在如苏州亭园再造的环境下出现人前。结果，中国明式家具的美艳，征服了无数观众，更吸引了世界级的收藏家。南非籍企业家，就是其中之一。他于1993年与家具邂逅，一瞬间成为五件套的拥有者。翌年购入此对黄花梨四出头官帽椅等九件套。他对明式家具收藏热情多年不减，今日已是拥有数目可观明式家具的收藏家。

英国伦敦古董艺术博览会 GHAAF 内【嘉木堂】展厅入口

这对椅子靠背板上圆形开光特大，几乎到背板边缘，浮雕双朝螭纹。联帮棍下端雕螭虎龙头，张嘴吞没上细下粗的三弯联帮棍，壶门券口牙子上铲地浮雕灵芝卷草纹，雕工精巧，刀法快利，官帽椅施以殊多雕饰，十分罕见[14]。

黄花梨四出头雕螭纹官帽椅成对

长 58.8 厘米 宽 45.5 厘米 高 110 厘米

比利时 布鲁塞尔 侣明室旧藏

张口龙头

特大开光

此椅长60.7厘米，宽47.8厘米，高115.2厘米。具备所有四出头官帽椅的标准元素：高靠背，全身光素，搭脑上翘带枕头。但他以方材做令整体感觉十分不一样[15]。扶手下的联帮棍形状也颇特别，有点像竹节，又像葫芦形，来源应是明代交椅的金属制联帮棍。（见142-143页黄花梨圆后背交椅）

竹节、葫芦形联帮棍

黄花梨方材四出头官帽椅
长 60.7 厘米 宽 47.8 厘米 高 115.2 厘米
香港 攻玉山房

另外一种看来标准的四出头官帽椅，也颇有特征。一般明代椅的座面为长方形，此椅座面长52厘米，宽51厘米，几乎正方。椅盘与地面距离也较一般椅低。鹅脖与前腿足非一木连做而是后退安装。集合这三种元素的实例也曾见若干数量，可能是当时某作坊的特征。

黄花梨四出头官帽椅
长52厘米 宽51厘米 高91厘米
香港 嘉木堂

靠背板二段攒框打槽平装满布蒲萄纹的楠木瘿子长板，花纹细密瑰丽。这种见于明代桌案面心板及圆角柜柜门板的瘿木材，古人称斗柏楠。靠背板下小段为素亮脚，衬托起华美生动纹理的上段恰到好处。

黄花梨攒靠背四出头官帽椅
长 57.1 厘米 宽 49.7 厘米 高 110.5 厘米
香港 私人藏品

镶斗柏楠背板

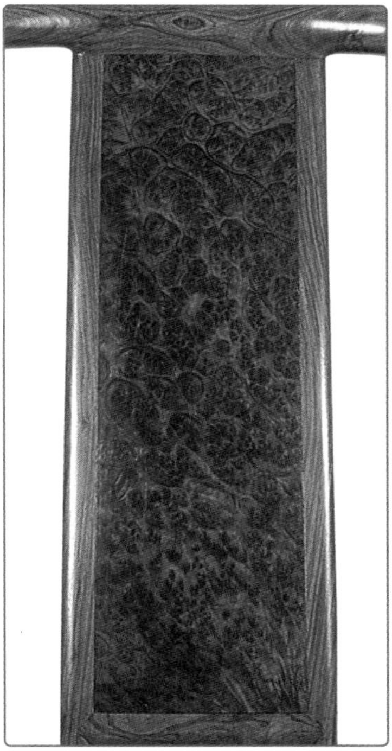

此椅靠背特别高，椅本身通高121.5厘米[16]，是四出头官帽椅最高的一系列，椅盘下券口牙子壶门式轮廓，两旁直牙上部镂出优美圆尖形，是少部分明代椅具牙子的做法，也见于圈椅（见100页黄花梨三接圈椅），令基本式造型增添趣意。在国际市场，除了交椅外，高靠背四出头官帽椅身价在众多椅类中最高。

黄花梨高靠背四出头官帽椅
长 59.2 厘米 宽 47.5 厘米 高 121.5 厘米
福州 私人藏品

南官帽椅

黄花梨高扶手南官帽椅，长57厘米，宽43厘米，高88.6厘米[17]。搭脑与扶手均不出头的官帽椅叫南官帽椅，与四出头官帽椅一样，名称来自北京工匠的命名，暂未找到文献的依据。椅圆材做，三弯靠背板浮雕花纹一朵，由朵云双螭组合而成，搭脑与扶手以“挖烟袋锅榫”和后腿上截与前腿上截鹅脖连接，一木连做。椅盘下素牙子，采用微微下垂“洼堂肚”式。此对椅除去扶手后部较高，可视为矮型南官帽椅的基本式。扶手后部较高，能达到与圈椅异曲同工的效果，令坐者不仅肘部有所倚托，腋下一段膀臂也得到支承。

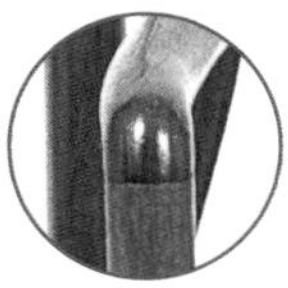

挖烟袋锅榫

挖烟袋锅榫

黄花梨矮靠背南官帽椅成对

长57厘米 宽43厘米 高88.6厘米

美国 前加州中国古典家具博物馆旧藏

此对椅子搭脑削出枕头，与扶手同以“挖烟袋锅榫”和腿足上截连接，三弯靠背板，三弯联帮棍，相当标准。但腿足上用圆材，连木做下成方材的造法就较特别。这结构原来十分合理，因为腿足的方形令承接椅盘的面积增大，更加坚实。但一般椅子多追求视觉一致，只有少部分会采用上圆下方造法。此例另一特点是脚踏上安装铜护片，仔细审查后证实是原有。

黄花梨南官帽椅成对

长 59.5 厘米 宽 47.5 厘米 高 105 厘米

香港 退一步斋

脚踏铜护片

【嘉木堂】1995 年展览目录封面

[收藏故事]

1995年【嘉木堂】举办“中国家具精萃展”，三十八组家具中无一不是精挑细选、一级品质的明式家具代表作。现例南官帽椅成对就是展品之一[18]。取其优秀造型与选材讲究，一双背板木纹对称，腿足上圆下方，结构合理，又意味着天圆地方的传统观念，更保留了原来铜护脚垫，难能可贵。南官帽椅受到香港青年企业家（退一步斋主人）青睐，纳入收藏[19]。

1996年【嘉木堂】竟然得到另一对南官帽椅，与现例同出一辙，明显属一套被分散了的家具。能够令失散多年的家人重聚，兴奋莫名，立即提供给香港收藏家。怎料回复说南官帽椅一对很好，但四具不易放置！真是晴天霹雳。不能令他们一家团圆，至今仍是一大遗憾。

黄花梨攒靠背南官帽椅成对

长58厘米 宽44.9厘米 高98厘米

加拿大 蒙特利尔 私人藏品

此对南官帽椅圆材做，搭脑弯度较大，扶手弯度也大，联帮棍略去不用，看起来较空灵。靠背板三段攒框打槽装板，上段落堂透雕云纹，中段平镶黄花梨板，下段镶落堂卷草纹亮脚。上下落堂而中部平镶，是为适宜坐者背部倚靠的用心设计。椅盘下四边安券口直牙子与脚踏和赶枨。

【嘉木堂】展厅一角

上世纪90年代初期的某周日，朋友早上来电说有急事，可否面谈。见面后她说昨夜丈夫接到外国友人越洋电话，通知他有位要人明天访港，要见【嘉木堂】负责人，因为香港惯例周日不办公，希望朋友穿针引线，能在星期天找到我。对方真是神通广大，在香港几百万人中，竟能联络上友人，好像知道他夫人是我多年朋友，要找我易如反掌。如是就有了星期天上午的会面。原来是希望我能在下午开放【嘉木堂】参观。我一头雾水，【嘉木堂】位于香港中区心脏地带，除周日外每天开放，欢迎参观，对方何需那么费劲，委托些重要人等介绍？反正是答应了，就下午开店。一位高瘦中年绅士下午到访，自我介绍，说正在布置新居，夫人吩咐到香港【嘉木堂】选购明式家具。跟着二话不说，点了十二件，基本上是店中全数，留下的话是“付清款项后会派私人飞机来接家具”！而这对黄花梨南官帽椅，就是其中之一。

黄花梨南官帽椅长57.5厘米，宽43.8厘米，高113.5厘米。是高型南官帽椅的一例。搭脑中部削出枕头位，与后腿上截相交处安角牙，靠背板一弯做，比一般较阔。鹅脖，后腿上截与联帮棍都比较直，加上椅盘下也采用券口直牙子，给人一种硬朗的感觉[20]。这种素身高型南官帽椅，在上海卢湾潘允征墓出土的明器家具中就有十分相似的例子，见于床榻篇（233页）。山西出土的明中晚期微形三彩陶明器中，也见高型南官帽椅，联帮棍似葫芦竹节形，如前例的方材四出头官帽椅。

明中晚期 微形三彩陶南官帽椅

黄花梨嵌角牙素南官帽椅

长57.5厘米 宽43.8厘米 高113.5厘米

香港 攻玉山房

这对南官帽椅高达120厘米，构件细，弯度大。用粗大木料裁成弯度大的纤细构件，达成柔婉动人的特殊效果。椅盘下的券口牙子，曲线圆劲有力。这对椅子选料既佳，制作又极精美，挺拔秀丽，是明式家具上品。

黄花梨高靠背南官帽椅成对
长59.7厘米 宽46厘米 高120厘米
奥地利 维也纳 私人藏品

基本式高型黄花梨南官帽椅四张成堂，十分难得。多年来只遇上两堂，另一堂在香港与伦敦【嘉木堂】2000至2001年冬季展览展出[21]时，被奥地利政要买去。而这堂就在1990年被伦敦的中国古董商人买去，至今未有转卖，十多年来放置在图书馆内使用。

黄花梨南官帽椅四张成堂

长59.3厘米 宽45.4厘米 高110.5厘米

英国 伦敦 业界

英国古董商人几瑟匹·艾斯肯纳斯

笔者在早期收藏阶段，认识了伦敦中国古董商几瑟匹 · 艾斯肯纳斯（Giuseppe Eskenazi）。艾氏经营以青铜器、汉唐陶瓷、金属等高古艺术品与明代瓷器为重点，但也涉及其他领域，是上世纪下半叶举足轻重、全球最具影响力的中国古董界业者。最初几年是客户与供货商的关系，我从他的伦敦店购买中国古董，慢慢地建立起友谊，让我有机会近距离观察到经营一级艺术品机构的运作。而他对经手艺术品臻至完美品质的要求，与个人严谨的商业操守，也给我留下深刻印象。笔者创办【嘉木堂】，受这早期感染影响甚大。1987年创业后，艾氏更成为客户，在随后的七八年间，其购自【嘉木堂】的明式家具无数，而这堂南官帽椅，就是其中之一。

玫瑰椅

用纤细圆材构成方靠背，直扶手，带侧脚的椅子统称玫瑰椅。不似其他椅名的命名那样与形状或结构有关联，玫瑰椅之名令人费解，来源待考。他们的靠背矮，多在90厘米以下，方背与直扶手也限制着座面上的空间，不如其他椅类的弧弯构件，让人感觉较宽敞，于是被误定为次要的座具，甚至是内室才使用的女眷用座具。其实玫瑰椅的椅盘尺寸一般与官帽椅、圈椅无异，绝对不细小或狭窄，而玫瑰椅形就早有宋代画如《十八学士图》[22]等已见用于高堂，上坐文人雅士。

黄花梨券口靠背玫瑰椅成对
长59厘米 宽45厘米 高84厘米
美国 费城艺术博物馆

黄花梨玫瑰椅长59厘米，宽45厘米，高84厘米。靠背框内安装券口牙子，雕回纹，下接在近椅盘上的横枨，枨下施矮老，扶手下亦有横枨矮老，座面下装壶门式卷口牙子。这是玫瑰椅最常见的样本。

紫檀木玫瑰椅，靠背内镶嵌正中有尖并雕卷草纹壶门式轮廓券口牙子，两旁与直牙上部出小钩，座面下安罗锅枨，紧贴椅盘底，管脚枨下也安高罗锅枨。紫檀木明式座椅，十分罕见，传世实例大部分是康、雍、乾或更晚的清式制品。台北藏家陈启德先生拥有一例[23]，与这对同出一辙。明代制作时当还有一张，共凑成一堂。

紫檀券口靠背玫瑰椅成对

长 55.6 厘米 宽 45 厘米 高 83.8 厘米

意大利 帕多瓦（Padova） 霍艾博士藏品

[收藏故事]

认为喜欢紫檀木沉穆的黑色是中国人专利的概念相当普遍。但这对紫檀木玫瑰椅，偏偏就是意大利建筑师霍艾博士的藏品。1989年霍艾博士在米兰购入黄花梨六仙桌，从此开始了与中国家具的情缘。随后十年，主要经伦敦古董界继续收藏。伦敦【嘉木堂】成立后便积极提供品质优良家具增大霍氏藏品系列。2004年霍氏将收藏结集[24]，并在德国科隆东亚艺术博物馆（Museum of East Asian Art, Cologne）举办个人收藏展，翌年再在慕尼黑旧皮纳克提现代美术馆（Pinakothek der Moderne, Munich）展出。

霍艾博士在德国科隆东亚艺术博物馆个人展入口场景

玫瑰椅款式变化颇多，不能尽列，现选较不寻常的数件实例。

此一件方背内打槽，嵌装透雕螭虎龙纹花板，正中成莲瓣形题诗开光，透雕两面做，刀工练熟快利。椅盘下券口牙子两旁吐尖，此况不常见[25]。靠背花板采用黄花梨制家具颇常见的图案化螭虎龙纹，龙尾及四足均变成卷草，互相交接，取得卷转圆婉之势，透雕填满整个后背开光旁的四边，熨帖成章。

黄花梨透雕靠背玫瑰椅
长 61.4 厘米 宽 46.8 厘米 高 87.5 厘米
上海 私人藏品

黄花梨波浪纹玫瑰椅[26]。波浪纹式纤细直棂，装入椅背框与扶手下空间，似流水像波浪，甚有动感。采用这美丽纹饰制家具，在崇祯（1640年）版寓五本《西厢记》彩色版画插图中已能见，在第十三“就欢”一折，崔莺莺赴约与张生幽会一图内的四柱床围子，采用的就是波浪纹[27]。

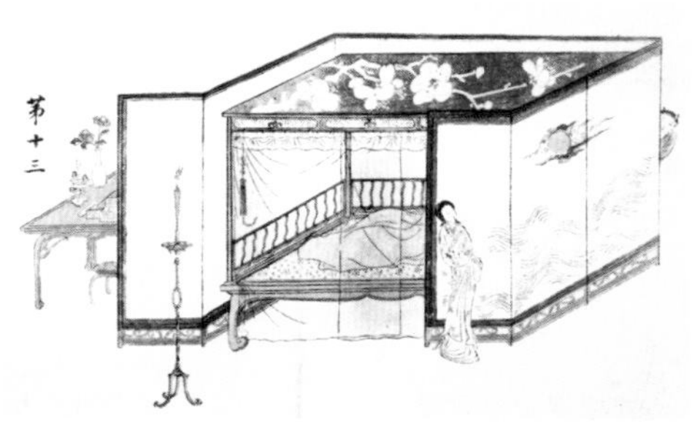

波浪纹围子床
《西厢记》插图 明崇祯十三年（1640年）寓五本

黄花梨波浪纹围子玫瑰椅
长 59.3 厘米 宽 45.4 厘米 高 89.2 厘米
英国 伦敦 业界私人藏品

椅的后背大方形空当和扶手下空间，安劈料刨出双混面的圈口，在靠背混面抹角处，另用短材攒接，露出透空的三角，三角所占面积不大，却有效地改变了大方形空当的视觉。椅盘亦劈料做。椅盘下牙子，矮老，管脚枨亦然，更在腿足间、牙子下加细圆材，目的在营造竹制家具效果[28]。

当时以珍贵木材仿制竹材或藤编家具成风，裹腿做，双套环卡子花或矮老皆常见，而现例手法则较少见，悦目清新。

黄花梨仿竹材玫瑰椅成对

长57.5厘米 宽46.5厘米 高90.5厘米

汕头 私人藏品

劈料双混面

黄花梨直棂围子玫瑰椅成对
长 59.5 厘米 宽 47.5 厘米 高 88.5 厘米
比利时 布鲁塞尔 私人藏品

黄花梨直棂围子玫瑰椅长59.5厘米，宽47.5厘米，高88.5厘米，俗称梳背椅，平直搭脑与扶手皆以圆材做，以挖烟袋锅榫与腿足上截相交，是标准玫瑰椅造法。方背框内嵌十根直棂，扶手下各七根，状似大木梳，因而得名梳背椅。其他造法包括背内直棂上或下加卡子花，也有在座面下装卡子花或安罗锅枨矮老。现例装微微下垂的洼堂肚券口牙子，更觉柔婉动人。直棂围子设计与当时门窗流行的“柳条式”户槅相似，造园家计成曾在《园冶》内图文并茂的谈及各种柳条式门窗格图案[29]。

黄花梨禅椅。长75.3厘米，宽75厘米，高85.5厘米。基本是玫瑰椅式，座面宽大，阔而深，成正方形，可供人盘足结跏趺坐。椅盘下安罗锅榫加矮老，腿足间用步步高赶枨。唯独靠背椅框内与扶手下的空间，均不安任何构件，令禅椅感觉空灵，颇能辅助坐者结跏趺坐禅椅沉思入定。

加州中国古典家具博物馆罗伯特·伯顿馆长与王世襄先生

禅椅侧面

[收藏故事]

禅椅来自安徽，上海行家梅家玮在皖南地区搜索古典家具时发现，运回上海，怎料无人问津，只好以3000元卖给广东江门旧市场雷姓家具商，香港业者蒋念慈北上买得转让给【嘉木堂】，时年1989。此件禅椅特别宽大，陈设在【嘉木堂】厅堂正中，不久后就被北加州中国古典家具博物馆馆长罗伯特·伯顿（Robert Burton） 订下。极度简约空灵的禅椅十分符合二十世纪极简派艺术理念，被西方有心人士发现后顿时成为家具界明星，艺术传媒宠儿，在无数书籍刊物中出现[30]。其后在1996年纽约佳士得中国古典家具博物馆收藏专拍中上拍[31]，经过激烈竞投后被新加坡耿姓家族成功竞得。几年后，市场传闻物主有意出售禅椅，笔者赶紧联络，经历三年努力不断周旋终于购回。时年2002，禅椅再次陈列在【嘉木堂】厅堂正中。

黄花梨玫瑰椅式禅椅，现归居住在意大利的霍艾博士所有[32]。（霍氏中国古典家具收藏已如前述）

黄花梨禅椅
长 75 厘米 宽 75 厘米 高 85.5 厘米
意大利 帕多瓦（Padova） 霍艾博士藏品

灯挂椅

北京匠师所称的灯挂椅，名字不见经传，据说来源是因这种没有扶手的靠背椅，形状与苏州地区用来挂油灯、灯盏的座托相似，但这说法也未必可靠，详情待考。现代家具圈内常用“两出椅”称之，是指靠背搭脑两端凸出腿足上截的意思，如四出头官帽椅的搭脑与扶手皆凸出而称为“四出”，是同一个意思。

黄花梨灯挂椅成对
长49.5厘米 宽39.5厘米 高109厘米
美国 前加州中国古典家具博物馆旧藏

黄花梨灯挂椅长49.5厘米，宽39.5厘米，高109厘米[33]。搭脑两端微微翘起，向后兜转，结尾圆浑美观，中部削斜坡成枕靠。光素靠背一弯做，与向后弯的后腿上截在空间划出两个相反方向的弧度，曲线圆劲有力如雕塑品。椅盘下正面券口牙子锼出正中有尖的壶门式轮廓，沿边向外斜削起线，这种卷转圆婉而线条犹劲的线脚，江南地区称之为“碗口线”。

这对灯挂椅与上例结构十分相似，搭脑带枕靠，独板靠背板与后腿上截相反方向弧度显著，腿足间也安赶枨，脚踏下同样装极窄牙条，此椅长51.6厘米，宽41.9厘米，高113.7厘米，座面比前例稍大，但同样比其他椅类如官帽椅、圈椅或玫瑰椅的座面小。体积小是灯挂椅的特征。此椅搭脑两端削平做，而不是以圆形结尾，是这两例的差别，椅盘下安直牙条带短牙头而不出壶门形的长牙子，也令两对结构相同的椅子有不同的观感。

黄花梨灯挂椅成对

长51.6厘米 宽41.9厘米 高113.7厘米

南非 约翰内斯堡 私人藏品

黄花梨攒靠背灯挂椅成对
长 51.5 厘米 宽 39.5 厘米 高 108 厘米
瑞士 苏黎世 私人藏品

直搭脑中部平直两端下垂，靠背三段攒框打槽装板，上段落堂透雕福字图纹，中段平镶木纹华美的楠木瘿，下段安落堂壶门式亮脚。椅盘下迎面装弯度大、正中有尖的壶门轮廓券口牙子，直牙条更两旁出小钩，加强装饰效果。

灯挂椅类与四出头官帽椅类造型十分相近，以上这三例设计也能见于四出头官帽椅，只是多加上扶手。

黄花梨灯挂椅成对

长51.7厘米 宽42.5厘米 高99.8厘米

比利时 布鲁塞尔 私人藏品

黄花梨灯挂椅长51.7厘米，宽42.5厘米，高99.8厘米。靠背较前三例矮，直搭脑圆材做，素靠背板也较直，椅面自始即为木板硬屉，椅盘下四方安卷云纹牙头短牙子，脚踏下亦施较窄的卷云纹牙头牙子以相呼应，颇具特色。

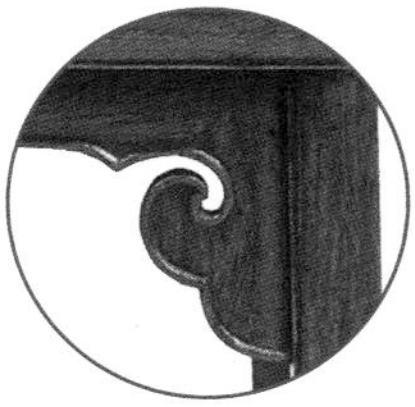

卷云纹牙头

黄花梨灯挂椅成对

长 52 厘米 宽 42 厘米 高 117 厘米

西班牙 马德里 私人藏品

这对椅方材做，靠背117厘米，特别高，搭脑刻出曲线如雁鸟飞翔，颇具动感，座面下施罗锅枨加矮老。

[收藏故事]

2000年6月【嘉木堂】再次参加伦敦夏季古董艺术博览会（Grosvenor House Art & Antiques Fair）时，展出此件独特方材黄花梨高靠背灯挂椅，受到一对西班牙夫妇的青睐，购入其马德里的大宅。（伦敦古董艺术博览会，前文已有介绍，见108页）不说不知，早在1989年【嘉木堂】已得到一对方材灯挂椅，与现例同出一辙，被香港藏家收纳[34]。十年后遇上第二对时，自是兴奋莫名，以为能凑合失散的一家人重聚，怎料那位香港藏家却无意购入，现在分隔两地的兄弟姊妹，再也没法团聚。

1994 年【嘉木堂】展览「家具中的家具」开幕式

靠背椅

椅背弯度小，搭脑不出头的靠背椅，北京匠师称为“一统碑椅”，据说是因为形象像矗立的石碑而得名，亦有说是广东造的流行式样。

黄花梨小靠背椅，圆材做，搭脑以标准挖烟袋锅榫与后腿上截交接，靠背三段攒成，上段透雕朵云纹，正中长尖向上伸展，是江南造精工雕刻纹饰的一种，屡见于明式家具实例中，中段装板，下段为素牙头亮脚。椅盘下安一木连做的短牙头牙条，与靠背亮脚同样压出标准江南工的碗口线。

黄花梨攒靠背小靠背椅
长46.5厘米 宽36厘米 高88.5厘米
香港 嘉木堂

黄花梨靠背椅四具成堂，颇难得。搭脑中部削出大枕靠，两端微崇起后再以挖烟袋锅榫接向后兜转，弧度显著的腿足上截，靠背板亦以大弯度一弯做，形状优美。椅盘下的券口牙子，短牙子与搭脑下的角牙均出江南工碗口线，与上例一样，却同广东工没有关系，形象也不大像矗立石碑，看来这种不出头的椅子还是称为靠背椅比较妥当。

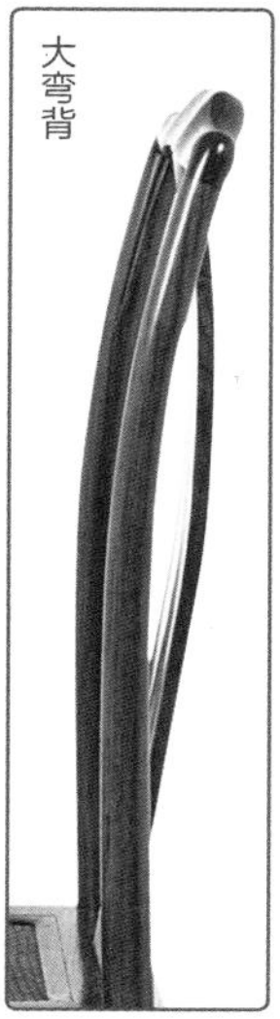

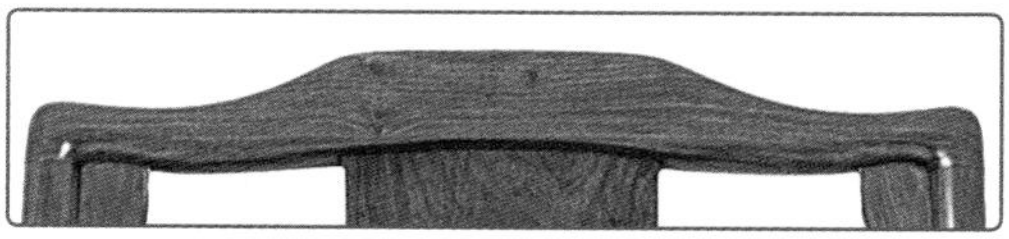
大枕靠

黄花梨靠背椅四具成堂
长 47.5 厘米 宽 36.5 厘米 高 103.3 厘米
美国 纽约 私人藏品

圆后背交椅在古代多设在中堂显著地位，是显示特殊身份的座具。明代书籍版画插图中，常有主角一人独坐室中，其余人等只得站着的场面。俗语还有“第一把交椅”的说法，都阐明交椅的尊贵与崇高地位。此椅雕工精美，图纹特别，气势非凡[35]。折叠式的功能除了对交椅结构有严格的要求，还要在各榫卯交接处加用金属片包裹加固，才能有较好的承重力。从多年见到及听到的圆后背交椅实例不足二十具的经验，就能知折叠椅甚难经传。因为稀少难得一见，各界又推崇他们为中国古典家具最优秀的经典作品，在这样的背景下，黄花梨圆后背交椅就成为现代收藏家大力追求的项目。

錽银铁活

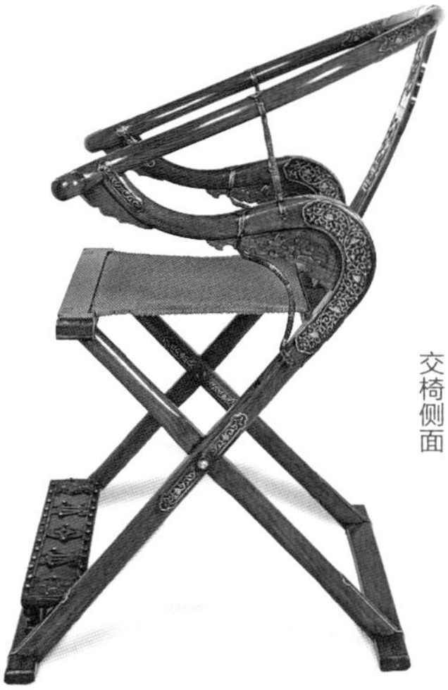

交椅侧面

[收藏故事]

明式家具实例，大部分是近二十多年来从古镇乡间浮现出市场的，多数是名不见经传的近代“新发现”。此椅却是例外。自从1921年被英籍旅中皮草商人乔治·克拉夫茨（George Crofts）提供给加拿大多伦多皇家安大略博物馆后，此件交椅在博物馆一待就是五十多年，曾刊登在1952年出版的The Chair in China（《中国椅子》）[36]一书中；1973年由博物馆售出，辗转到了美国加州，1990年又运到香港【嘉木堂】复修着地四块錽银铁活。1996年在纽约佳士得中国古典家具博物馆专拍中售出[37]。此椅至今已有八十多年流传历史，在明式家具中着实罕见。

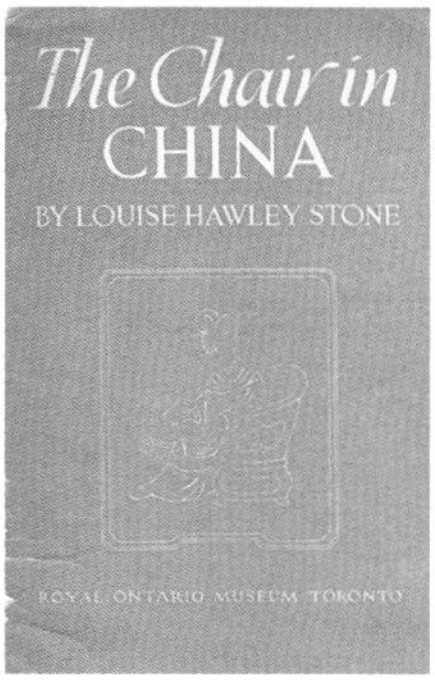

1952 年出版的
《中国椅子》封面

黄花梨圆后背交椅

长69厘米 宽46厘米 高98厘米

美国 前加州中国古典家具博物馆旧藏

直后背交椅侧面

直后背交椅实例比圆后背交椅更为稀少。这具搭脑两端微上翘，中部削出斜坡枕靠，采出头官帽椅形。座面下腿足附金属钩环，用以调节皮革座面而至椅靠背的位置，腿足间安踏床。此件全身光素黄花梨直后背交椅，风格充满现代感，设计跨越时空。

黄花梨直后背交椅
长 57.8 厘米 宽 45.1 厘米 高 93 厘米
比利时 布鲁塞尔 侣明室旧藏

北京故宫永寿宫

侣明室收藏在北京故宫展览「永恒的明式家具」开幕式 2006 年

侣明室主人菲利浦·德巴盖先生，是比利时籍企业管理顾问专家。1991年于香港甫踏入【嘉木堂】陈列室，他先是四周打量一回，继而仔细鉴赏每件家具，跟着表示此后会探研明式家具并建立收藏。随后德巴盖先生至少每季都到访【嘉木堂】，也出席我们在世界各地如纽约、伦敦、马斯特里赫特或瑞士的国际展览，挑选家具纳入其收藏之列。随着藏品日渐增加，遂萌生增建居所新翼来放置中国明式家具、与之共同生活的想法，“侣明室”意为此也。十年后结集出版侣明室藏品[38]。2003年巴黎吉美国立亚洲艺术博物馆重建后以侣明室藏品举办开馆特展“明——中国家具的黄金时期”。同步出版的图录，就以此件黄花梨直后背交椅作为封面[39]。2006年北京故宫博物院与侣明室主人合作举办“永恒的明式家具”展览[40]，笔者亦参与策划，又得力于吉美博物馆主任戴浩石（Jean-Paul Desroches）辅助，令故宫永寿宫展览取得空前成功。以明式家具为专题的个人藏品展览，相信是中国有史以来第一次，而收藏家竟然是来自欧洲的比利时人，“永恒的明式家具”震撼北京收藏界。

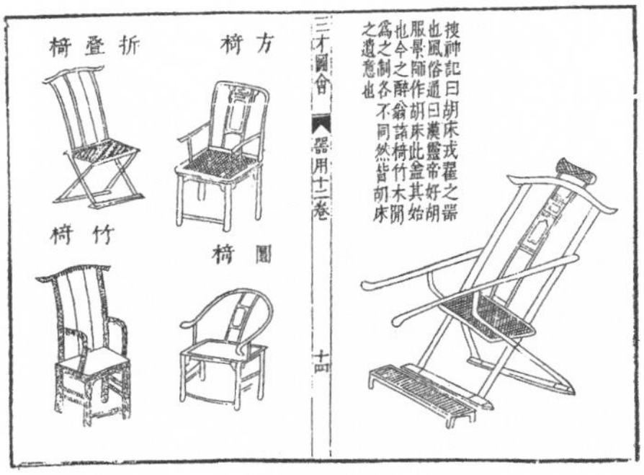

醉翁椅

明王圻、王思义编《三才图会》插图

这造工精湛，形状优美的黄花梨交椅式躺椅[41]，自1990年出现后迄今还是孤例。交椅搭脑两端以挖烟袋锅榫与腿足相交处出二小垂钩，绦环板开柔婉曲线的扁海棠式透孔，镶白质黑章的大理石，修长扶手向前伸展后微弯向外，与腿足上截连做弧度柔和的托角牙子，皆是精心营造的设计。这躺椅更给人飘逸舒适的感觉。

在1989年得到黄花梨躺椅时，其活动枕靠已失落，参考明仇英所画《饮中八仙歌图卷》[42]中的扶手式躺椅而得启发，遂为其设计了海棠形枕靠。

晚明插图本百科全书《三才图会》中称这类躺椅为“醉翁椅”[43]。

挖烟袋锅榫加小垂钩

躺椅侧面

黄花梨交椅式躺椅

长 101.3 厘米 宽 72.1 厘米 高 91.5 厘米

美国 前加州中国古典家具博物馆旧藏

宝座

宝座侧面

宫殿与府邸内皇室尊用的座具称宝座。寺院也有宝座般大座具。直至清朝末年，宝座绝对不会是一般家庭的用具。在卷轴装的帝皇像中能见明代宝座，但其实物笔者从未遇上，只在北京故宫内各大殿中见到陈列的明清宝座，欧美博物馆也有一二例，且以漆器多。此具黄花梨与红木制宝座长107厘米，宽72.5厘米，高107厘米。虽属清代，但结构与雕饰都颇具明风。二十世纪初期流传到日本，2007年香港苏富比上拍时被笔者购入[44]，随后转让给中国收藏家。

黄花梨红木透雕云龙纹宝座
长107厘米 宽72.5厘米 高107厘米
中国 私人藏品

[注释]

1 此椅是伦敦【嘉木堂】1998年开馆展的展品之一，刊出在同步出版的目录中：Grace Wu Bruce,*On the Kang and between the Walls - the Ming furniture quietly installed*（《炕上壁间》），香港，1998年，10-11页。

2 Grace Wu Bruce，*Chinese Classic Furniture: Selections from Hong Kong and London Gallery*（《中国古典家具香港伦敦精选》），香港，2001年，38-39页。

3 Grace Wu Bruce, *Dreams of Chu Tan Chamber and the Romance with Huanghuali Wood: The Dr. S. Y. Yip Collection of Classic Chinese Furniture*（《攻玉山房藏明式黄花梨家具：楮檀室梦旅》），香港，1991年。

4 亚洲艺术月刊杂志《Orientations》在1992年1月以整本刊载展览期间发表的七篇论文。*Orientaions*, Hong Kong, January 1992.

5 Grace Wu Bruce, *Chan Chair and Qin Bench: The Dr S Y Yip Collection of Classic Chinese Furniture II*（《攻玉山房藏明式黄花梨家具II：禅椅琴凳》），香港，1998年。

6 Christie's, *The Dr S Y Yip Collection of Fine and Important Classical Chinese Furniture*（佳士得《攻玉山房藏中国古典家具精萃》），纽约，2002年9月20日。

7 Grace Wu Bruce, *Feast by a wine table reclining on a couch: The Dr. S. Y. Yip Collection of Classic Chinese Furniture III*（《燕几衎榻：攻玉山房藏中国古典家具》），香港，2007年。

8 伦敦【嘉木堂】1999年夏季展览展品中有同类型圈椅，也包含这几种特征，出版在目录《嘉木堂中国家具精萃展》28-31页。

9 此堂四件黄花梨圈椅载录于中国古典家具博物馆收藏专刊。王世襄编著、袁荃猷绘图《明式家具萃珍》，美国中华艺文基金会（Tenth Union International Inc），芝加哥·旧金山，1997年，44-45页；Wang Shixiang and Curtis Evarts, *Masterpieces from the Museum of Classical Chinese Furniture*, Chicago and San Francisco, 1995, p60-61.

10 Christie's, *Important Chinese Furniture, Formerly The Museum of Classical Chinese Furniture Collection*（佳士得《中国古典家具博物馆馆藏珍品》），纽约，1996年9月19日，拍品号41，92-93页。

11 此对椅子是伦敦【嘉木堂】1998年开馆展的展品之一，刊出在同步出版的目录中：Grace Wu Bruce, *On the Kang and between the Walls - the Ming furniture quietly installed*（《炕上壁间》），香港，1998年，16-19页；属同组例子还有两对，出版于Robert Hatfield Ellsworth, *Chinese Furniture: Hardwood Examples of the Ming and Early Ching Dynasties*, New York: Random House, 1971, 图版15。另一对见于苏富比：Sotheby's, *Fine Chinese Decorative Works of Art*（苏富比《中国工艺精品》），纽约，1989年4月18-19日，拍品号508。他们造型与构造如出一模，很有可能是一套家具。

12 此对椅子在1990年香港艺术馆《历代文物萃珍敏求精舍三十周年纪念展》展览目录中刊出，506-507页。

13 *The Grosvenor House Art & Antiques Fair 1994 Handbook*, London, 1994, P258.

14 此对四出头官帽椅现归比利时侣明室，出版于Grace Wu Bruce, *Living with Ming – the Lu Ming Shi Collection*（《侣明室家具图集》），香港，2000年，62-63页。2006年在北京故宫博物院永寿宫展出，出版于《永恒的明式家具》，164-165页。

15 香港攻玉山房藏，出版于Grace Wu Bruce, *Chan Chair and Qin Bench: The Dr S Y Yip Collection of Classic Chinese Furniture II*（《攻玉山房藏明式黄花梨家具II：禅椅琴凳》）香港，1998年，58 - 59页。

16 比利时侣明室藏，出版于Grace Wu Bruce, *Ming Furniture*（《嘉木堂中国家具精萃展》），香港，1995年，40-41页；Grace Wu Bruce, *Living with Ming – the Lu Ming Shi Collection*（《侣明室家具图集》），香港，2000年，封面及56-57页；伍嘉恩《永恒的明式家具》，香港，2006年，封面及162-163页。2011年易主。出版于中国嘉德拍卖图录《读往会心—侣明室藏明式家具》，北京，2011年5月21日，编号3376。

17 此例是【嘉木堂】提供给加州中国古典家具博物馆众多明式家具之一。其收藏专刊有载录。王世襄编著、袁荃猷绘图《明式家具萃珍》，美国中华艺文基金会（Tenth Union International Inc），芝加哥·旧金山，1997年，30-31页；Wang Shixiang and Curtis Evarts, *Masterpieces from the Museum of Classical Chinese Furniture*, Chicago and San Francisco, 1995, p64-65.

18 Grace Wu Bruce, *Ming Furniture*（《嘉木堂中国家具精萃展》），香港，1995年，46-47页。

19 台北国立历史博物馆举办借自三地两岸的古典家具展，黄花梨南官帽椅是展品之一，并出版于目录《风华再现：明清家具收藏》85页。

20 此椅为香港叶承耀医生藏品，在其收藏专辑中刊出：Grace Wu Bruce, *Feast by a wine table reclining on a couch: The Dr. S. Y. Yip Collection of Classic Chinese Furniture III*（《燕几衎榻：攻玉山房藏中国古典家具》），香港，2007年，38-39页。

21 Grace Wu Bruce, *Ming Furniture, Selections from Hong Kong & London Gallery*（《明式家具香港伦敦精选》），香港，2000年，40 -43页。

22 宋《十八学士图》，见录于：台北故宫博物院《画中家具特展》，台北，1996年，55、90页。

23 陈氏收藏曾展出于1999年台北家具展览，并收录于展览图录：台北历史博物馆《风华再现：明清家具收藏》，台北，1999年，94页。

24 Museum für Ostasiatische Kunst Köln, *PURE FORM Classical Chinese Furniture Vok collection*（德国科隆东亚艺术博物馆，《圆满的纯粹造型 霍艾藏中国古典家具》），Munich, 2004,p17-18.

25 这独特的玫瑰椅曾在多处刊登，包括 Grace Wu Bruce, *Chinese Classical Furniture*, Oxford University Press, Hong Kong, 1995, 封面；Grace Wu Bruce, *Living with Ming – the Lu Ming Shi Collection*（《侣明室家具图集》），香港，2000年，50-51页；Musée national des Arts asiatiques – Guimet, *Ming: l'Age d'or du mobilier chinois. The Golden Age of Chinese Furniture*（吉美国立亚洲艺术博物馆，《明——中国家具的黄金时期》），Paris, 2003, p96 -97.

26 收录于：Grace Wu Bruce, Sculptures To Use, *First Under Heaven: The Art of Asia*, Hali Publications Ltd, London, 1997, p79.

27 收藏于德国科隆东亚艺术博物馆（Museum of East Asian Art, Cologne）的彩色套印本《西厢记》版画是明崇祯十三年（1640年）由吴兴闵寓五氏刊印，称寓五本。现图录为1977年的影印刊版。

28 【嘉木堂】侨迁展览展品之一，载录于：Grace Wu Bruce, Ming Furniture（《嘉木堂中国家具精萃展》），香港，1995年，44-45页。后归侣明室藏。Grace Wu Bruce, *Living with Ming – the Lu Ming Shi Collection*（《侣明室家具图集》），香港，2000年，58-59页；伍嘉恩《永恒的明式家具》，香港，2006年，146-147页。2011年易主。见录于中国嘉德拍卖图录《读往会心——侣明室藏明式家具》，北京，2011年5月21日，编号3355。

29 明计成著、陈植注释《园治注释》，中国建筑工业出版社，北京，1981年，106-110页。

30 曾经刊登黄花梨禅椅的书籍杂志多不胜数，以在加州中国古典家具博物馆出版的季刊为最初。*Journal of the Classical Chinese Furniture Society*（《中国古典家具学会季刊》），Renaissance: Classical Chinese Furniture Society, Winter 1992 冬季号，封面、封底及26-38页。

31 Christie's, *Important Chinese Furniture, Formerly The Museum of Classical Chinese Furniture Collection*（佳士得《中国古典家具博物馆馆藏珍品》），纽约，1996年9月19日，拍品号93，176-177页。

32 同注释24，19页。

33 Wang Shixiang and Curtis Evarts, *Masterpieces from the Museum of Classical Chinese Furniture*, Chicago and San Francisco, 1995, p46 -47; 王世襄编著、袁荃猷绘图《明式家具萃珍》，美国中华艺文基金会（Tenth Union International Inc），芝加哥·旧金山，1997年，18-19页。

34 方材高靠背灯挂椅是1994年【嘉木堂】举办"家具中的家具"特展从各地明式家具收藏家借来的展品之一，艺术杂志*Arts of Asia*（《亚洲艺术》）在1995年5-6月号的报导中也有刊登：*Arts of Asia*, Hong Kong, May - June, 1995, p135.

35 前加州中国古典家具博物馆藏并载录于收藏专刊：Wang Shixiang and Curtis Evarts, *Masterpieces from the Museum of Classical Chinese Furniture*, Chicago and San Francisco, 1995, 页74 -75; 王世襄编著、袁荃猷绘图《明式家具萃珍》，美国中华艺文基金会（Tenth Union International Inc），芝加哥·旧金山，1997年，48-49页。

36 Stone, Louise Hawley, *The Chair in China, Royal Ontario Museum*, Toronto, 1952, Plate XXV, XXVI.

37 Christie's, *Important Chinese Furniture, Formerly The Museum of Classical Chinese Furniture Collection*（佳士得《中国古典家具博物馆馆藏珍品》），纽约，1996年9月19日，拍品号50，110-113页。

38 Grace Wu Bruce, *Living with Ming – the Lu Ming Shi Collection*（《侣明室家具图集》），香港，2000年，88-91页。

39 Musée national des Arts asiatiques – Guimet, *Ming: l'Age d'or du mobilier chinois. The Golden Age of Chinese Furniture*（吉美国立亚洲艺术博物馆，《明——中国家具的黄金时期》），Paris, 2003.

40 同步出版展览专刊：伍嘉恩《永恒的明式家具》香港，2006年，228页。

41 中国古典家具博物馆旧藏，载录于其收藏专刊：Wang Shixiang and Curtis Evarts, *Masterpieces from the Museum of Classical Chinese Furniture*, Chicago and San Francisco, 1995, 页 76 -77; 王世襄编著、袁荃猷绘图《明式家具萃珍》，美国中华艺文基金会（Tenth Union International Inc），芝加哥·旧金山，1997年，46-47页。

42 王世襄《明式家具研究》（文字卷），三联书店（香港）有限公司，香港，1989年，40页。

43 明王圻、王思义《三才图会》（"器用十二卷十四"），明代绘图类书，明万历刻本，上海古藉出版社，1988年，中卷，1329页。

44 Sotheby's, *Fine Chinese Ceramics & Works of Art*（苏富比《中国瓷器工艺精品》），香港，2007年10月9日，拍品号1652，239页。

杌凳类

没有靠背的座具为杌，而交杌就是腿足相交的杌，俗称“马扎”。早在东汉时就有“灵帝好胡服、胡帐、胡床……”的记载，而胡床就是现在的马扎，交杌。所以交杌是中国最早的座具之一。因其可折叠，携带、存放都很方便，千百年来广泛为人使用。

用八根直材构成，面穿绳索，可视为交杌的基本形式。

黄花梨小交杌，长31.2厘米，宽34.5厘米，高31.1厘米，造法就较讲究，着地的两根横材，断面近三角形，打洼起线。四根圆材腿足相交处穿轴钉的一段故意不削成圆形，断面作方形，这样可使结构更为坚固，采用了圆后背交椅的讲究制作造法，轴钉穿铆的地方也如交椅般加垫护眼钱。交椅一般被视为首席座具，可见此小交杌与一般民居柴木制成的不一样。

黄花梨交杌
长31.2厘米 宽34.5厘米 高31.1厘米
台北 业界

方形断面交接

黄花梨有踏床交机，长65.4厘米，宽47.8厘米，高56厘米。机面横材立面起线浮雕卷草纹，正面两足之间，添置踏床，踏床面板下牙条锼出壶门式轮廓，卷转圆婉流畅。交机每件构件交接处，都包镶白铜片加固，踏床面板更钉铜饰件。形体比一般椅座面积大，选料既佳制作又极精美，此交机更不是一般只为方便携带而制成的座具[1]。

此有踏床交机与上例基本相同，但雕饰更华丽，机面的横材铲地用高浮雕的手法雕满生动自然的花卉，玲珑有致，铜饰件亦锼出精美花纹相呼应[2]。

高浮雕花卉纹

黄花梨交机
长65.4厘米 宽47.8厘米 高56厘米
美国 洛杉矶艺术博物馆 借展品

黄花梨交机
长46厘米 宽23.7厘米 高46.5厘米
美国 明尼阿波利斯艺术博物馆

1995年6月，【嘉木堂】由香港远道赴伦敦参加GHAAF古董艺术博览会（The Grosvenor House Art & Antiques Fair）。每年一度，已有几十年历史，又是英国皇家赞助的GHAAF，是欧美洲夏季最重要的国际古董交易场所，但只有两三家参展者会展示中国古董艺术品。【嘉木堂】在1993年首次被邀参展，是亚洲古董商被邀请的第一人，而明式家具就发挥了他们的魅力，令展出取得空前成功。自始，【嘉木堂】每年也挑选精美的明式家具，千里迢迢赴伦敦参展。在前面《椅类》篇中已有提及GHAAF的背景，说明它能吸引全球各界人士，包括收藏家，博物馆界及社交名流等等。

华丽精致的黄花梨交机，就是1995年【嘉木堂】的展品之一，而看中交机的是美国中部明尼阿波利斯艺术博物馆馆长埃文·莫亚博士（Dr.Evan Maurer）。原来约在一年前博物馆已有意对中国古典家具组织收藏，并开始静静地收购。策划与实施此项目，其实是馆内亚洲艺术部主任罗伯特·雅各逊（Robert Jacobsen）与博物馆赞助者布鲁斯·代顿伉俪（Bruce & Ruth Dayton），而【嘉木堂】交机的纳入，从馆长的参与就可知明式家具已被明尼阿波利斯艺术博物馆定为重点收购项目。果然，在随后的短短四五年间，他们斥资约1200万美元，搜罗了一组甚具代表性的中国古典家具超过90件套，继加州中国古典家具博物馆之后，成为美国目前拥有最重要家具的博物馆[3]。在床榻篇（见234页）有详细介绍博物馆在1999年6月首次大规模展出中国古典家具收藏的开幕盛会。

英国伦敦古董艺术博览会
GHAAF 内【嘉木堂】展厅入口

美国明尼阿波利斯艺术博物馆内
中国家具展厅

长方凳、方凳

没有靠背的座具，除交杌外还有凳，明末清初黄花梨凳传世品中款式颇多，大部分设计与明代桌形相呼应，但在众多当时的绘画、书籍插图版画中，从未见桌凳同款式相配成套一同使用的。有靠背的椅与无靠背的凳同桌使用，倒是比比皆是，但各种座椅凳等形式，就有尊卑等级的分别。

《琵琶记》内文士危坐官帽椅抚琴，而女眷坐圆凳上聆听，尊卑之分或许不大明显[4]，但在《圣谕像解》的学堂中，老师坐四出头官帽椅，前放脚踏，而一众学生全坐圆形、方形各种杌凳，等级之别就一目了然[5]。其他图像中更能看到较尊贵正式的场合会用椅，而较随便的场合便用凳。

座椅尊卑之分 《琵琶记》插图 明万历二十五年（1597年）刻本

座椅等级之别 清梁延年编《圣谕像解》插图

黄花梨有束腰方材罗锅枨长方凳四张成堂，束腰与牙子一木连做，光素无纹饰，足端内翻马蹄，罗锅枨稍稍退后安装，不与腿子外皮交圈，采用齐头碰造法。凳面椅盘格角榫攒边框，四框内缘踩边打眼造软屉，可被视为凳的最基本式[6]。传世品中无论是一堂，一对或单只，最多见都是这种形式。

黄花梨有束腰罗锅枨长方凳四张成堂
长45.6厘米 宽40.1厘米 高51.5厘米
香港 攻玉山房

构造基本与上例相同，座面冰盘沿加打洼宽线脚，牙子镂出壶门式轮廓，出尖位置上铲雕卷草纹，牙腿起阳线[7]，罗锅枨稍退后安装，不起线。牙腿起阳线造法，也有见罗锅枨以格肩榫与腿子相交，而不是稍退后安装。这样相交造法的罗锅枨就会上下都起阳线与腿子上边线连接。

黄花梨有束腰罗锅枨长方凳成对
长 51.9 厘米 宽 44.8 厘米 高 48.8 厘米
香港 私人藏品

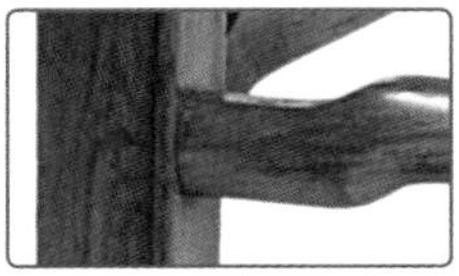

罗锅枨退后安装

黄花梨长方凳长54.5厘米，宽43.5厘米，高51.5厘米。腿足直落地面，不翻马蹄，断面外圆内方，四足下端向外撇，上端向内收，侧脚显著。直枨正面一根，侧面一双。结构吸取了大木梁架的造法，与平头案同源。素牙子起边线，牙头有小委角，四腿足也起边线。此对长方凳与现存上海博物馆的如出一辙[8]，只是尺寸更大。

从晚明书籍《鲁班经匠家镜》插图[9]中也见这一款式，就知道是当时的基本形制之一，但传世实例公开发表的就只有三四对[10]，属稀少的品种。

明代各种杌凳型式
明午荣编《鲁班经匠家镜》插图

委角牙子

黄花梨无束腰长方凳成对
长54.5厘米 宽43.5厘米 高51.5厘米
香港 私人藏品

黄花梨方凳50.8 厘米长，50.8厘米宽，高46.4厘米。圆材直足直枨，是无束腰类型凳子的基本式。四枨相交处，高出腿足表面，彷佛缠裹着腿子的造法，称为裹腿做。凳面椅盘为标准格角攒边框，内缘踩边打眼编织藤席软屉，沿着边抹加一条木条垛边造，使人看上去彷佛椅盘用厚材造成，明显是从竹制家具得到启发，引用过来。双套环卡子花用栽榫固定在上下横材之间，卡子花就是卡在两根横材间的雕花构件，双套环亦是竹制家具常见的元素。

黄花梨裹腿做双套环卡子花方凳成对
长 50.8 厘米 宽 50.8 厘米 高 46.4 厘米
台北 陈启德先生藏品

裹腿做

［收藏故事］

此对黄花梨双套环卡子花方凳，台北陈启德先生藏品，是1999年七月【嘉木堂】从香港邮寄照片给陈先生定夺并购入的。

在之前的同年六月，台北历史博物馆举办“风华再现：明清家具收藏展”，邀请北京故宫博物院，香港收藏家及台湾当地收藏家提供展品共计约一百二十件精品共同展出。故宫提供描绘清代家具发展的绘画与精彩瑰丽宫廷家具代表作，香港及台湾收藏家以明式家具为主，亦有些清式家具。这是中国大陆、香港及台湾当地收藏家首度最大型的合作。台北历博主任高玉珍策划，亦得力于台北一群热心家具的圈中人，包括前加州中国古典家

台北历史博物馆「风华再现：明清家具收藏展」场景

台北历史博物馆「风华再现」开幕式，1999 年

具博物馆主任柯惕思（Curtis Evarts）参与规划及遴选展品。加州博物馆馆长罗伯特·伯顿（Robert Burton）在1996年将收藏品卖出后，主任柯惕思迁居台北，在当地展开经营中国家具事业。宝贵的加州经验，丰富了展览的层次。

笔者出席“风华再现”开幕式，心情极佳，原因之一是众多展品中，有不少是【嘉木堂】从前经手的，与他们重逢的感觉就好像在异乡遇到多年不见的老朋友，让人有一种说不出的亲切与惊喜。看到一对比例均称，色泽柔和美观的圆材双套环卡子花方凳[11]，想起是1992年陈启德先生首次到访【嘉木堂】时购入的（陈氏收藏在炕桌，炕案，炕几篇92页有述）。正在回忆当年往事……咦，骤然想起昨天在【嘉木堂】陈列厅不是也摆放着一对吗？其时，陈先生正在身旁，急忙控制已到嘴边的话，紧记回家后第一件事就是量度尺寸，查鉴两对方凳是否为一堂！鉴定了尺寸、款式设计而至木纹完全一致，就有了文前寄图片的一幕。台北一行在众多事中，也成就了失散不知多久的一堂明代方凳的团圆。

现在更以电脑拼图让不同时间照相的两对方凳重聚一堂。

此对方凳与上例不同之处是不用直枨用罗锅形枨子，上下横枨中不用卡子花而用矮老，矮老是北京工匠对短柱的名称。其他圆材直腿足，无束腰，裹腿做，椅盘垛边造，编软屉等，与上例一致，亦属受竹器家具影响之系列。矮老是明代家具一种常用的构件，早在辽金墓中的壁画与砖雕的家具形象，已能见用矮老[12]。

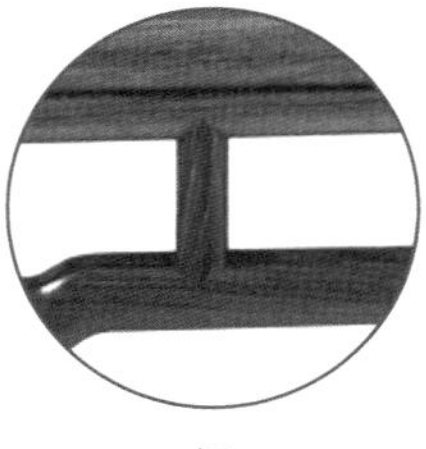

矮老

黄花梨裹腿做罗锅枨矮老方凳成对
长52.5厘米 宽52.5分 高48厘米
香港 私人藏品

直枨加矮老带券口牙子管腿枨方凳，长54.8厘米，宽54.5厘米，高47.5厘米，较前两例大。凳面椅盘，腿足和管腿枨均用劈料造成。四腿外斜成侧腿。座面下两根圆材直枨中安六根矮老，其下券口牙子亦用圆材造，又是另一例受竹制家具影响的造法。

黄花梨仿竹材方凳成对
长54.8厘米 宽54.5厘米 高47.5厘米
香港 私人藏品

此对方凳下有托泥，形成一个完整的立方结体，在结构上特别坚实，在观感上，与明代其他杌凳类很不一样。座面椅盘立面打洼，边缘起委角线，与束腰一木连做的牙条，直腿足与连接四足端下的托泥，均打洼踩委角线，设计一气呵成[13]。1993年【嘉木堂】伦敦古董博览会展品中，就有黄花梨几与此对凳形式构造一模一样[14]。

委角线

黄花梨有束腰带托泥长方凳成对

长44.3厘米 宽42.2厘米 高51.7厘米

菲律宾 马尼拉 私人藏品

黄花梨有束腰三弯腿长方凳
长57.5厘米 宽53.6厘米 高51.8厘米
香港 私人藏品

三弯腿造的椅、桌、凳，在明式家具中十分少见，但炕桌造法就以此为常规。凳面格角攒边框内缘打槽平镶面心板，自始即为木板硬屉。冰盘沿踩几道线腿，束腰与壶门式牙子一木连做，三弯腿线条柔和悦目，足端卷转刻卷云，牙腿起阳线。罗锅枨退后安装[15]。

黄花梨有束腰马蹄足长方凳
长59.5厘米 宽56厘米 高47.3厘米
西班牙 马德里 私人藏品

此长方凳体积比一般较大，长59.5厘米，宽56厘米。略去四腿足间枨子，其他造法，与标准式无异，但观感大异。特别觉得造型简练，朴质无文，淳厚耐看。在明代绘画与书籍插图版画中就常见这类凳子，但传世实例中却极少有。

鸡翅木造方凳43.6厘米长，43.4厘米宽，高44.3厘米，比上例小，但结构相同，只添置了四根霸王枨增加坚实。造法是腿子上部内向的一角用倒棱法将直角抹去，出现一个平面，霸王枨下端接入后加垫塞固定，称勾挂垫楔榫，而上端则交代在凳面软屉下的两根弯带上。

鸡翅木有束腰霸王枨方凳
长43.6厘米 宽43.4厘米 高44.3厘米
美国 费城 私人藏品

霸王枨 勾挂垫楔榫

此凳是圆材直腿造的一种变化。凳面下直牙子，牙头锼出云纹，边缘起阳线。腿子外圆内方，转接处起线。罗锅枨看面起剑脊棱，与枨子顶面交接处也隐约起线棱，使凳出现犀利的感觉。

黄花梨云头角牙方凳
长57.5厘米 宽57厘米 高49.3厘米
香港 私人藏品

圆凳

其他形式杌凳在明代绘画与书籍插图版画中常见，有圆、梅花式、海棠式、扇面式、六角形等等，但传世品中就以方形或长方形为主，其他形式就极少见。这么多年，笔者只收集到并经手过以下数例。

黄花梨独板面马蹄足圆凳
直径 44.1 厘米　高 46.7 厘米
香港　攻玉山房

黄花梨独板面鼓腿彭牙马蹄足圆凳。有束腰，牙子外彭中部微微下垂出洼堂肚形。腿足上以插肩榫与牙子连结，接合圆形独板凳面，随后向外展出，下端内翻形状爽朗小马蹄。四根腿子中安交叉十字枨。圆凳整体稳重有力[16]。这造型是明代书籍插图版画中最常见的圆凳形式，但此凳自从1997年出现后，迄今在公开发表资料的杌凳中还是孤例。

黄花梨梅花式板面五足凳
长 42.2 厘米　宽 42.2 厘米　高 44.5 厘米
香港　攻玉山房

梅花式板面五足凳，冰盘沿上舒下敛压一道扁宽线，有颇高的束腰，外彭的牙子取洼堂肚形，铲地雕卷草纹。纤细方材三弯腿以插肩榫与牙子和座面接合，肩部雕云纹，足端向外翻出小蹄刻卷珠纹。牙腿起阳线，五腿间安方材直枨成井口形加固[17]。

得此凳时牙子全缺。硬木造梅花式座具实物从未见未闻，十分珍贵，只好用肩部云纹推断牙板上雕饰，从明代家具残件选木复修牙子。而黄花梨梅花式五足凳，迄今亦是孤例。

紫檀木带托泥四足圆凳，直径38.5厘米，高57厘米。凳面用四段弧形木边攒成圆框，踩槽打眼造软屉。有束腰，全身光素，牙子锼成壶门轮廓两旁吐尖，采用插肩榫结构与三弯腿接合。四腿子足端卷转内翻，两侧雕卷云，足下接托泥，下带四小足。座面下四腿子间施霸王枨加固。这是一具十分难得的明式紫檀圆凳。

紫檀带托泥四足圆凳
直径38.5厘米 高57厘米
台北 私人藏品

与上例结构基本相同，略去霸王枨，三弯腿肩部下锼出下垂云纹一朵，足端前后亦然。冰盘与托泥均加几道线脚。黄花梨四足圆凳直径41.6厘米，高49.5厘米，比紫檀凳较大，较矮，也是年份较早的显示[18]。此两具圆凳完整无缺，品种罕见，同是十分珍贵的软屉圆凳样本。

黄花梨带托泥四足圆凳
直径41.6厘米 高49.5厘米
美国 洛杉矶艺术博物馆 借展品

贰人凳

条凳与贰人凳的分别只在长度。可容二人并坐称贰人凳，俗称“春凳”。条凳一般较长，能容多人并坐，同时也如小榻般用于陈置器物。贰人凳、条凳和条桌、条案等形式基本相同，只高矮有别。

黄花梨贰人凳只高49.8厘米，座面格角攒边踩槽打眼造软屉。如同一张矮形半桌。

黄花梨有束腰罗锅枨贰人凳
长 103.2厘米 宽 36.6厘米 高 49.8厘米
南非 开普敦 私人藏品

案形的贰人凳高度是46.6厘米，座面则格角攒边打槽平镶面心板[19]。就如一张矮形的平头案。

黄花梨夹头榫案形贰人凳
长 114.3厘米 宽 26.7厘米 高 46.6厘米
香港 攻玉山房

黄花梨插肩榫二人凳长103厘米，宽33厘米，高47.1厘米。此凳是插肩榫酒桌的基本式，只有高矮的分别。牙头锼出酒桌常见的卷云纹，但结尾出尖，牙子中部下垂取洼堂肚形，两足端上则翻出标准仰俯云纹[20]。贰人凳含多种纹饰属罕见。

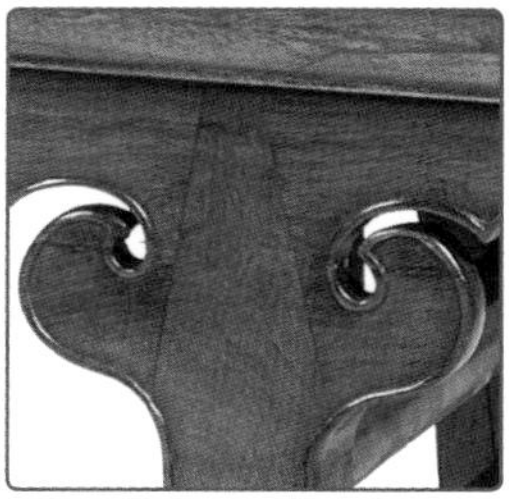

插肩榫

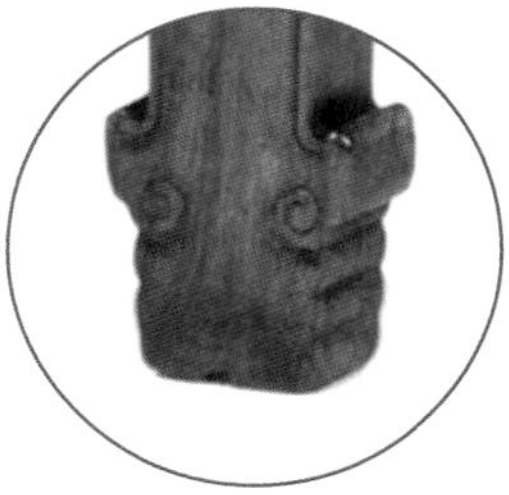

仰俯云纹足

黄花梨插肩榫贰人凳

长 103 厘米 宽 33 厘米 高 47.1 厘米

美国 洛杉矶艺术博物馆 借展品

鸡翅木翘头案式条凳，长134厘米，较上几例长，高49.8厘米。造型是相当标准的翘头案。独板面两端嵌入崇起的小翘头，牙头锼出卷云纹带小珠连牙子，沿边起皮条线。方材腿足中部起一柱香线下带托泥，档板透雕拧麻花纹，就像一具矮形翘头案。

鸡翅木夹头榫翘头贰人凳

长 134 厘米 宽 27 厘米 高 49.8 厘米

香港 攻玉山房

美国洛杉矶艺术博物馆中国明式家具展览场景，1942 年

笔者在1980年旅居英国伦敦，当年闲来无事，游走旧书店追寻中国明式家具信息，在旧杂志中看到美国洛杉矶艺术博物馆（Los Angeles County Museum）曾在1942至1943年展出中国明式家具，是美国John F Kulgren夫妇的藏品，博物馆主任在古董杂志撰文介绍中国明式家具[21]。早在1940年代，美国已有专题明式家具个人收藏展览，这发现令人惊讶！于是复印了杂志资料，用心留意图中家具的形状，想法是以后如果幸运遇上就会知道他们的来历。

两三年后的一天，在友人介绍下，到访旧金山一位室内设计师埃·哈迪（Ed Hardy） 的家，主要是参观他的亚洲古董藏品，而他的收藏以日本艺术品为主。仔细欣赏，累了就向墙边灰灰暗暗的板凳坐下。低头一看，灰褐色木纹如禽鸟羽毛，原来是鸡翅木，而板凳更是标准翘头案型贰人凳！细看下觉得也曾相识，向主人打听，原来是曾在洛杉矶艺术博物馆展出一组之一，就是我在旧杂志图片内看到的一件，设计师先生说他在加州拍卖会得之，而其他Kulgren藏品相信亦已被分散。又过几年，我的确在华盛顿史密森尼博物院赛克勒美术馆（Authur M Sackler Gallery, Smithsonian Institution）内看到杂志中也有刊登的一对黄花梨透格门柜。都是二十多年前的事了。

2007年9月，笔者出席纽约苏富比拍卖会，一眼就看到了此具二十多年前有一面之缘的鸡翅木翘头案式贰人凳[22]，立即竞投购入！

[注释]

1 此交机是【嘉木堂】1995年展览展品之一，并出版于展览目录。后归台北私人收藏。Grace Wu Bruce, *Ming Furniture*（《嘉木堂中国家具精萃展》），香港，1995年，30-31页。

2 明尼阿波利斯艺术博物馆家具收藏专辑有刊出此交机：Robert D. Jacobsen and Nicholas Grindley, *Classical Chinese Furniture in the Minneapolis Institute of Arts*, Minneapolis, 1999, p36-37.

3 《CANS艺术新闻》1999年6月号特辑中介绍馆内收藏并报导开幕盛况：《CANS艺术新闻》，台北，1999年6月，96-98页。

4 《琵琶记》（"琴诉荷池"），元代南戏类书籍，明万历二十五年（1597年）刻本。傅惜华《中国古典文学版画选集》上册，上海人民美术出版社，1981年，280页。

5 清梁延年编《圣谕像解》延师建学，卷七，清康熙"上谕十六箴"圣谕注释并配图，康熙二十年（1681年）刻本，纽约市公共图书馆 斯潘塞图书室藏影印本。

6 此堂方凳刊登于香港叶承耀医生收藏专辑：Grace Wu Bruce, *Dreams of Chu Tan Chamber and the Romance with Huanghuali Wood: The Dr. S. Y. Yip Collection of Classic Chinese Furniture*（《攻玉山房藏明式黄花梨家具：楮檀室梦旅》），香港，1991年，46-47页。

7 Grace Wu Bruce, *Ming Furniture*（《嘉木堂中国家具精萃展》），香港，1995年，42-43页，刊登此对长方凳。

8 上海博物馆例子，载录于馆中家具收藏特刊。庄贵仑《庄氏家族捐赠上海博物馆 明清家具集萃》，两木出版社，香港，1998年，22-23页。

9 明午荣编《鲁班经匠家镜》卷二，页三十。Ruitenbeek, Klaas, *Carpentry and Building in Late Imperial China, A Study of the Fifteenth-Century Carpenter's Manual Lu Ban Jing*, Leiden, 1993, 图版 II 65.

10 还有一对与上海博物馆藏例子尺寸相若，刊登于前加州中国古典家具博物馆收藏手册。王世襄编著、袁荃猷绘图《明式家具萃珍》，美国中华艺文基金会（Tenth Union International Inc），芝加哥·旧金山，1997年，2-3页；Wang Shixiang and Curtis Evarts, *Masterpieces from the Museum of Classical Chinese Furniture*, Chicago and San Francisco, 1995, p32-33.
1996年在纽约佳士得上拍，被美籍旅居新加坡的藏家购入。

11 台北历史博物馆《风华再现：明清家具收藏》，台北，1999，74-75页。

12 河北省文物研究所编《宣化辽墓壁画》，文物出版社，北京，2001年，图版16、33、41。

13 此对凳子是【嘉木堂】2001年展览展品之一，并出版于展览图录：Grace Wu Bruce，*Chinese Classic Furniture: Selections from Hong Kong and London Gallery*（《中国古典家具香港伦敦精选》），香港，2001年，36-37页。

14 嘉木堂《明式家具》，香港，2008，6页。黄花梨几能见于1993年伦敦展览照片。

15 三弯腿凳子载录于：Grace Wu Bruce, *Chinese Classic Furniture: Selections from Hong Kong and London Gallery*（《中国古典家具香港伦敦精选》），香港，2001年，30-31页。

16 圆凳归攻玉山房，出版于叶氏收藏专辑：Grace Wu Bruce, *Feast by a wine table reclining on a couch: The Dr. S. Y. Yip Collection of Classic Chinese Furniture III*（《燕几衎榻：攻玉山房藏中国古典家具》），香港，2007年，48-49页。

17 梅花式凳子亦归叶氏，载录于：Grace Wu Bruce, *Dreams of Chu Tan Chamber and the Romance with Huanghuali Wood: The Dr. S. Y. Yip Collection of Classic Chinese Furniture*（《攻玉山房藏明式黄花梨家具：楮檀室梦旅》），香港，1991年，50-51页。

18 四足圆凳是1999年台北历史博物馆家具专题展展品之一。著录于：台北历史博物馆《风华再现：明清家具收藏》，台北，1999年，76页。

19 贰人凳刊载于：Grace Wu Bruce, *Chan Chair and Qin Bench: The Dr S Y Yip Collection of Classic Chinese Furniture II*（《攻玉山房藏明式黄花梨家具II：禅椅琴凳》），香港，1998年，80-81页。

20 此贰人凳刊出于：台北历史博物馆《风华再现：明清家具收藏》，台北，1999年，63页。

21 Gregor Norman-Wilcox，'Early Chinese Furniture'，*Antiques*，1943，p169-170.

22 Sotheby's, *Fine Chinese Ceramics & Works of Art*（苏富比《中国瓷器及工艺精品》），纽约，2007年9月18日，拍品号32，37页。

脚踏类

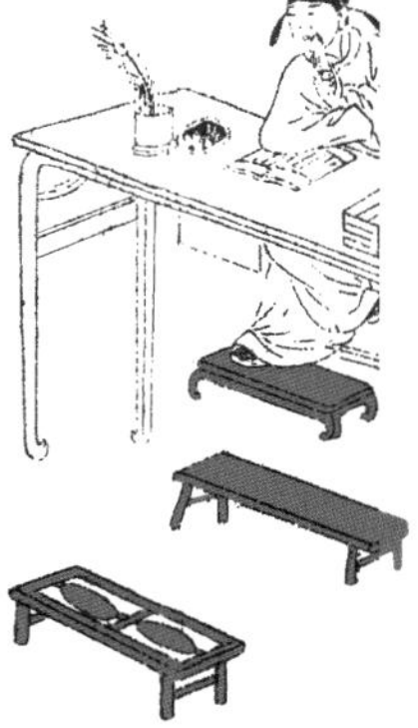

脚踏

椅前脚踏 《忠义水浒传》插图 明万历刻本

古代家具中，脚踏不自成类，是椅、宝座、床榻等的附件，椅前用一具，床前放通长的，罗汉床与榻前放一具或成对。罗汉床上中置炕桌，炕桌两旁坐人，两具脚踏就放在坐人部位的床前。唯因年久，脚踏与座椅床榻等分散，仿佛自成一种家具。

脚踏的使用或分尊卑等级。《水浒传》的一幅插图，见宋江一身官服坐于高背官帽椅上，椅前有脚踏。他的两旁各置官帽椅一张，但无脚踏，其副将坐于其中之一[1]。

黄花梨脚踏
长 62.9 厘米 宽 31.7 厘米 高 19.7 厘米
香港 嘉木堂

黄花梨脚踏，长62.9厘米，宽31.7厘米，高19.7厘米。有束腰，方材，素直牙条，直脚内翻矮马蹄，踏面为标准格角榫攒边框打槽平镶面心板，是脚踏最常见的造法。

黄花梨脚踏

长 77.2 厘米 宽 38.5 厘米 高 18.4 厘米

香港 嘉木堂

无束腰直腿马蹄足，边抹冰盘沿底压平线，踏面中一直档做肩嵌入将边框一分为二，各装五根横轴齐头碰入抹头与直档，是较少见的造法。

黄花梨石面脚踏

长 62.3 厘米 宽 30 厘米 高 17.8 厘米

香港 嘉木堂

三弯腿外翻马蹄，足上翻出花叶，牙条锼出壶门式轮廓，铲地雕卷草花，牙腿起灯草线，踏面平镶纹石，这样华丽的黄花梨脚踏在传世品中就更加少见。

长脚踏 《仙媛纪事》插图 明万历刻本

长脚踏 《旗亭记》插图 明万历二十七年（1599年）刻本

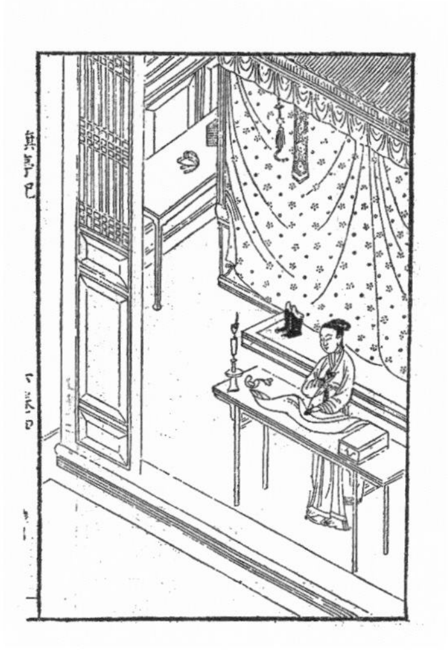

铁力木脚踏，长157.2厘米，宽30.3厘米，高22.9厘米[2]。从长度就知道是置放在床前用的种类。踏面格角攒边打槽平镶面心板，有束腰，三弯腿四足端刻卷圈，牙条锼出开扬的壶门轮廓，铲地雕卷草纹，牙腿起灯草线。明代小说版画插图中常见长脚踏放床前，但传世实例十分稀少。《旗亭记》见的形制是四平长板式，攒边镶面心板，立面上下起线[3]。《仙媛纪事》内的就是无束腰四平马蹄足式[4]。

铁力木长脚踏
长 157.2 厘米 宽 30.3 厘米 高 22.9 厘米
香港 攻玉山房

黄花梨独板翘头案式脚踏，长158厘米，宽24.5厘米，高24.5厘米。踏面两端翘起，腿足内缩安装，取标准翘头案的造型。牙条云纹牙头一木连做起阳线。方腿四足下端向外撇，两根横枨连结腿子，中间安透雕灵芝石纹档板。此踏与上例铁力木踏尺寸相约，无疑同是放床前的脚踏。黄花梨木做，停笔时此仍为孤例。

黄花梨独板翘头案式脚踏
长158厘米 宽24.5厘米 高24.5厘米
香港 私人藏品

脚踏面上安滚轴，明代专称为“滚凳”。《鲁班经匠家镜》插图内可见[5]。

现例无束腰，素身鼓腿彭牙，内翻强劲有力的马蹄足。踏面被中枨分隔为两半，各安乌木活轴三根，活轴中部粗而两端较细，利于足踏在轴上时容易转动[6]。

活轴转动能按摩足底穴位，可帮助血液循环，被视为健身工具。

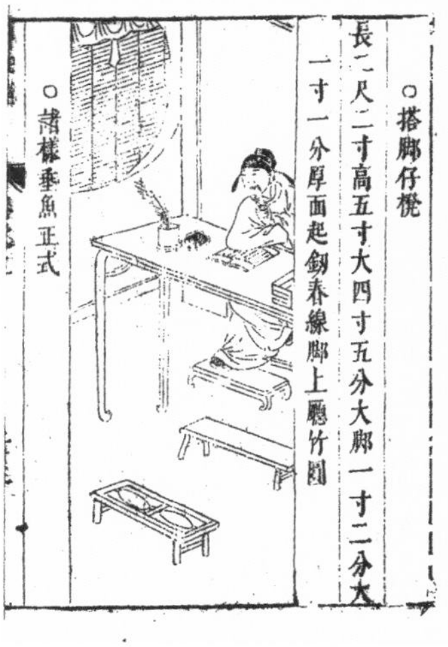

滚凳 明午荣编《鲁班经匠家镜》插图

黄花梨乌木滚凳
长 77 厘米 宽 28 厘米 高 17.7 厘米
香港 攻玉山房

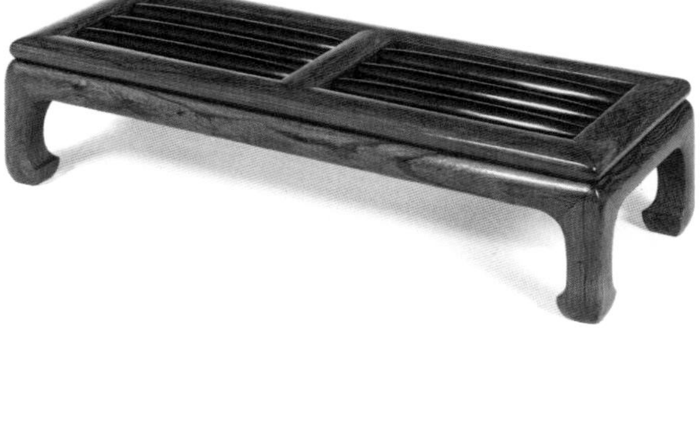

滚轴

黄花梨滚凳脚踏，长60.5厘米，宽48.7厘米，高16.5厘米。踏面大半边镶面心板，与宽阔的直枨齐平，留条形空当安两根中间粗两端细的活轴。无束腰，三边直素牙条，活轴下却镂出有曲线牙条，造型十分特别。直腿内翻马蹄足，四角包金属片加固。

此具脚踏滚凳两用器，停笔时仍是公开发表的孤例[7]。

黄花梨滚凳脚踏
长60.5厘米 宽48.7厘米 高16.5厘米
香港 攻玉山房

[注释]

1 《忠义水浒传》("梁山泊戴宗传假信"),元末明初历史小说,明万历刻本。郑振铎编《中国古代版画丛刊》卷二,上海古籍出版社,1988年,814页。

2 床前脚踏是攻玉山房藏品。Grace Wu Bruce, *Dreams of Chu Tan Chamber and the Romance with Huanghuali Wood: The Dr. S. Y. Yip Collection of Classic Chinese Furniture*(《攻玉山房藏明式黄花梨家具:楮檀室梦旅》),香港,1991年,146-147页。

3 《旗亭记》("第二十四出"),明代戏曲类书籍,明万历二十七年(1599年)刻本。傅惜华《中国古典文学版画选集》上册,上海人民美术出版社,1981年,199页。

4 《仙媛纪事》,明代仙道故事,明万历刻本。陈同滨等主编《中国古典建筑室内装饰图集》,今日中国出版社,北京,1995年,930页。

5 明午荣编《鲁班经匠家镜》卷二,页二十三。Ruitenbeek, Klaas, *Carpentry and Building in Late Imperial China, A Study of the Fifteenth-Century Carpenter's Manual Lu Ban Jing*, Leiden, 1993, 图版II 51.

6 攻玉山房藏品,刊载于:Grace Wu Bruce, *Dreams of Chu Tan Chamber and the Romance with Huanghuali Wood: The Dr. S. Y. Yip Collection of Classic Chinese Furniture*(《攻玉山房藏明式黄花梨家具:楮檀室梦旅》),香港,1991年,148-149页。

7 滚凳脚踏是【嘉木堂】1995年展览展品之一,刊载于展览目录:Grace Wu Bruce, *Ming Furniture*(《嘉木堂中国家具精萃展》),香港,1995年,64-65页。现归攻玉山房藏。见录:Grace Wu Bruce, *Chan Chair and Qin Bench: The Dr S Y Yip Collection of Classic Chinese Furniture II*(《攻玉山房藏明式黄花梨家具II:禅椅琴凳》),香港,1998年,84-85页。

箱、橱、柜格类

衣箱造型，是古代制箱子的基本形式，从案头放置的小箱，印匣，画匣至衣箱，均采用这基木形式，不同之处仅在其体积的大少，箱盖或平顶或盝顶，箱盖与箱身起线与否，以及铜活形状等的变化。

衣箱为一般日用家具，用珍贵木材制成的不多，所以黄花梨衣箱是不常见的明式家具种类。此件黄花梨衣箱长81厘米，宽56厘米，高53厘米，是硬木制传世衣箱中较大的例子。衣箱全身光素，只在盖口及箱口起两道饱满的阳线。此线加大了盖面与箱身接触点的面积，有重要的加固作用，不是单为装饰而设。立墙四角与盖顶沿边用白铜片包裹，正面镶近方形面叶，拍子云头形，两侧面安提环。此箱下设底座，因结构是活动的，传世衣箱中保留原有底座的例子十分稀少。

黄花梨带底座衣箱
长 81 厘米　宽 56 厘米　高 53 厘米
香港　伍嘉恩女士藏品

衣箱成对，也是较高大的实例。长76.4厘米，宽48.8厘米，高45.9厘米[1]。不设底座，盖口箱口接处不起阳线。黄铜面叶莲瓣形，铜片只包裹箱盖四角与箱身四角上部。其他基本与上例相同，难得的是能成对留存至今，实属罕见。

衣箱有坐地放以底座承托如前例，也有叠放在柜上，如《金瓶梅》“真夫妇明偕花烛”一回的插图中，高身与较扁身的衣箱也被叠放于矮柜顶上[2]。

叠放在柜上的衣箱
《金瓶梅词话》插图「真夫妇明偕花烛」 明崇祯刻本

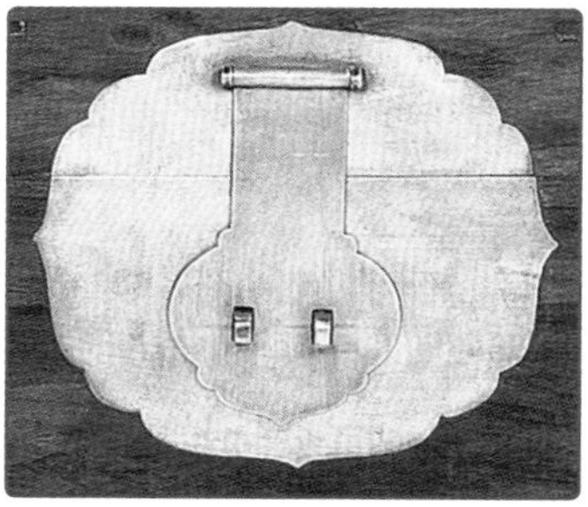

黄铜莲瓣形面页

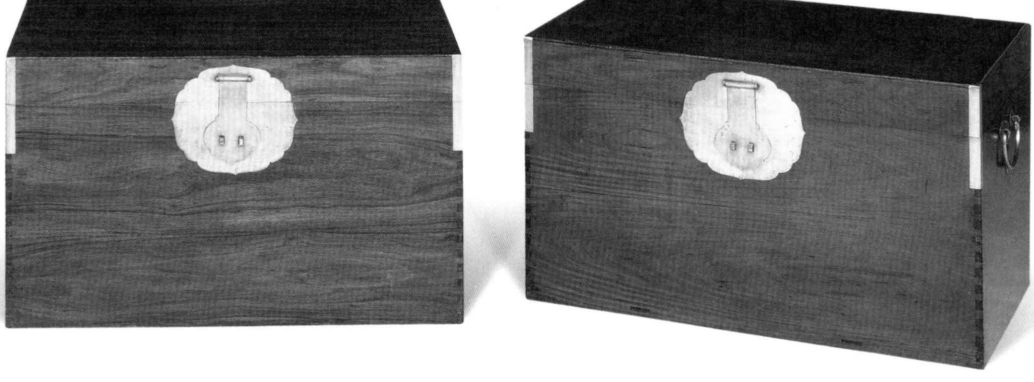

黄花梨衣箱成对
长76.4厘米 宽48.8厘米 高45.9厘米
北京 业界

紫檀五爪金龙箱长63厘米，宽33.5厘米，高47.6厘米。箱盖盝顶，盖与箱沿边施阔皮条线，铲地高浮雕双龙戏珠纹，间布朵云纹，下部雕海水江崖纹。底座镂出壸门式轮廓，上刻卷草纹。所有高浮雕纹饰上皆描金，在黑如漆的紫檀木地衬托下，更觉醒目。

此箱如明朱檀墓出土的龙纹戗金朱漆衣箱同为盝顶[3]，尺寸大致相约，朱檀墓箱内置放冠、冕、袍、靴等物，故可知其确实用途。鲁荒王朱檀，是明太祖朱元璋的第十子，可推断现例为明代皇室贵族式衣箱。正中牌子的字样被削刮掉也令人怀疑是隐没宫中记号的手法。

紫檀五爪金龙箱
长63厘米 宽33.5厘米 高47.6厘米
北京 私人藏品

箱顶

箱侧

[收藏故事]

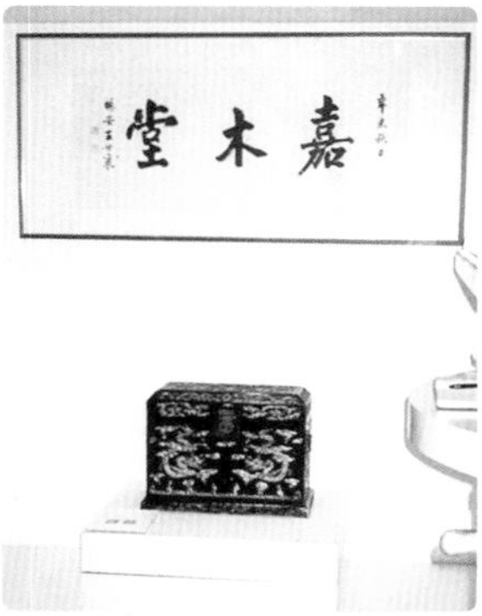

【嘉木堂】1999年展览「紫檀家具精选展」

1999年，香港【嘉木堂】举办明清紫檀家具精选展，五爪金龙箱是展品之一[4]，被客居美国加州硅谷的香港青年买去。2006年紫檀箱重现于香港佳士得秋拍[5]，北京观复博物馆马未都馆长成功竞得。

二十世纪末期北京青年作家马未都以收藏红木家具为起点[6]，发展至1997年在琉璃厂西街创办观复古典艺术博物馆，对外开放展示明清家具。其后辗转搬迁至颇有规模的朝阳区现址，展品更由家具扩阔至包括陶瓷、油画、门窗、工艺品等。2008年马氏在中央电视台《百家讲坛》节目中说收藏[7]，对古典家具收藏文化在中国民间的普及，影响甚大。

扛箱式柜

大方扛箱是《鲁班经匠家镜》内的家具式样之一[8]，指分层有提梁的大长方形箱盒。扛箱为方便出行、郊游携带馔肴酒食，或馈送礼品，可以穿杠由两人肩扛抬运。在明代传奇类书籍，崇祯刻本《诗赋盟》[9]“饯别”一回的版画插图中，就有一具提盒式的扛箱。仇英画万历版《列女传》[10]内插图的扛箱则为插板门式。

明代黄花梨传世实例中，此类型家具设计变化颇多：正面可为两开门的、或活动式插门；内部可安格板带抽屉格层或全安抽屉多层；有时甚至辟一小龛于其中。但他们均设底座，多安提梁，使人直觉扛箱是把案头放置的各种小箱子放大制作而成，因为小箱子无论是药箱、提盒、文具箱等，都带底座与提梁。没有提梁的，就在两侧安铜手环。

插门式扛箱　《列女传》插图　明万历刻本

提盒式扛箱　《诗赋盟》插图「饯别」明崇祯刻本

黄花梨扛箱内貌

黄花梨两开门扛箱长60.3厘米，宽36厘米，高73.2厘米，是一具大型的箱子。底部矮座两侧面上造出立柱，两旁夹镂花纹起阳线的站牙。立柱上与箱顶的提梁以格肩榫接合。内设格板与抽屉格层。此箱彻黄花梨制，连背板、抽屉内、底板都不用他木，是一件很考究的精制家具。

黄花梨扛箱

长60.3厘米 宽36厘米 高73.2厘米

比利时 布鲁塞尔 私人藏品

此件插门板式扛箱亦设底座、提梁与站牙。横梁紧贴箱顶，上安铜环，似是以便穿杠抬行。箱内安抽屉十四具。如上例，也是整件黄花梨木制，十分讲究[11]。此箱体积与上例相约，但因内设抽屉多具，又是彻黄花梨制，空箱已重量十足，放满物品后更难扛起。检验箱子结构，提梁与立柱上下虽有铜件加固，但硬木制的箱身异常沉重，横梁榫卯绝对禁不起长时间手提或穿杠抬行。再细看两例，均是精工制作的贵重高级家具，并不适宜搬抬上路被日晒雨淋。

黄花梨插门式扛箱
长 60 厘米 宽 41 厘米 高 70 厘米
香港 攻玉山房

此箱更硕大，长78.8厘米，宽45.5厘米，高84厘米。看其选料之精，两开门整板对开，纹理对称，提梁线条优美，更不在中央留空当穿杠，使其无法被扛抬，铜饰件卧槽平镶，施工精细，就得知这类黄花梨实例是取扛箱造型而成的室内家具，而非实用扛箱。他们的用途应是存放书卷、文具及贵重物品。而大家多年称他们为提箱、行柜等等是错误的，现不妨正其名为“扛箱式柜”。

黄花梨扛箱式柜

长 78.8 厘米　宽 45.5 厘米　高 84 厘米

美国 印第安纳波利斯艺术博物馆 借展品

此件黄花梨扛箱式柜能再次佐证这类家具品种是室内版扛箱。长61厘米，宽36厘米，高77.5厘米，柜子不设提梁但两侧面安铜环，似是为便于提携，方便出行。但精致小柜加上内列八层黄花梨木内外制的抽屉，重担无比，我与【嘉木堂】的同事两人出尽气力也无法提起[12]。只是空箱而已，更何况存满东西！貌似携行家具，其实却是书斋或寝室重器，用以存放贵重物品。

内貌

黄花梨八层抽屉扛箱式柜

长61厘米 宽36厘米 高77.5厘米

瑞士 卢加诺（Lugano） 私人藏品

黄花梨联二橱
长104.7厘米 宽51.8厘米 高85.4厘米
香港 私人藏品

橱是以储存物品为主要用途的家具之一。明式家具中的“联二橱”，“联三橱”的名称是看桌案形状的橱有多少个抽屉的称呼，两个为联二橱，三个是联三橱。而抽屉以下有空间——“闷仓”可以存放东西的，则叫“闷户橱”。

黄花梨联二橱长104.7厘米，宽51.8厘米，高85.4厘米。方材腿足带侧腿内缩安装，两旁设挂牙，起阳线略施雕饰。橱面与横枨中间安抽屉两具，横枨下牙条镂出壶门式轮廓。可视为联二橱的基本式。

此联二橱也是基本式设计。抽屉脸，挂牙与底枨下长牙条，铲地雕连枝花叶卷草纹[13]。

黄花梨花草纹联二橱

长 111 厘米 宽 62.3 厘米 高 86.5 厘米

美国 明尼阿波利斯艺术博物馆

连枝花卉纹抽屉脸

黄花梨花鸟纹联三橱
长 184.5 厘米 宽 58.5 厘米 高 85.5 厘米
北京 私人藏品

黄花梨联三橱，因其有三个抽屉而得名。长184.5厘米，宽58.5厘米，高85.5厘米。腿足方材起混面压边线，帐子素混面起边线，与腿子的线脚交圈。橱面大边下的两根柱状矮老也是素混面起边线，如是与帐子线腿交圈。

正面牙子锼出壶门轮廓，铲雕卷草纹。抽屉脸采用了落堂踩鼓的造法，一分为二雕连枝花鸟纹，中留空白，专为安装铜饰件而设。两旁挂牙浮雕枝叶，起边线。

联二、联三橱抽屉下只装牙子而不设多一段板，使其下有空间封闭在抽屉之下，可以存放东西而成为“闷户橱”，是传世实例中比较少见的。闷户橱当是由这类联二、联三橱演变而成的种类。

黄花梨联三闷户橱，长190.2厘米，宽51.2厘米，高85.4厘米。抽屉以下有一个封闭着的空间，可以存放东西，工匠称之曰“闷仓”。此具联三橱全身光素，只在线条优美的正面牙子与两旁挂牙略加雕饰，令体积颇大的橱柜轻盈起来，是一代匠心设计的成功作品。抽屉脸安方铜面叶，下部安拉手，上部装锁销锁鼻。要锁抽屉时，可上推销子，使其插入闷户橱大边底面的锁眼内，而销子上的管状装置与面叶上的两个锁鼻平齐，再用穿钉或铜锁把抽屉锁住。

联二、联三橱，既能如桌案般在上摆设物件，又可用抽屉及闷仓储存各种物品，两种功能兼备，十分实用，理当在明式家具中数量不少。但实情则不然。他们传世数量远比桌案少，亦不及单一作储存用的柜子。近人推测闷户橱可能只在寝室放置，即有陈设空间限制，这样就能理解其实例相应较少的现象。

黄花梨联三闷户橱
长190.2厘米 宽51.2厘米 高85.4厘米
上海 私人藏品

人称书架的就是以四根立柱为足，用横板将空间分隔成几层，用以陈列或存放书籍、物品的家具。其实书架用途不只限放书籍，所以在明式家具的分类中取“架格”这个名称。

此件四层全敞，全身光素的架格，身高178.1厘米，长62.6厘米，深33.6厘米。方材四足，横枨与顺枨均用紫檀木造，镶楠木心板。最低一层格板之下，安牙条及牙头[14]。这四面全敞，下装牙条牙头的造型，被视为明代架格的最基本式。设计变化有每格安栏杆，安券口（三方）或圈口（四面）牙子；有带抽屉，亦有后背装板的制作。

紫檀与楠木四层全敞架格
长 62.6 厘米 宽 33.6 厘米 高 178.1 厘米
意大利 帕多瓦（Padova） 霍艾博士藏品

黄花梨方材三层架格，正面与两下层全敞，唯独上层两侧与后背三面带栏杆。栏杆以壸门式轮廓圈口牙板组成，起阳线。两侧各一，后方三组，十分特别。壸门弧度线条柔婉。四足内压窄平线，与各层横枨和顺枨上下的线脚交圈。在素方材构件添置细微装饰来衬托壸门栏杆，恰到好处。

圈口牙板

[收藏故事]

1989年购入这黄花梨三层架格。在此之前未遇上只在上层带栏杆而其下全敞的构造。虽然整件架格保存状况颇佳，但还是要仔细检验每条构件，确保没有卯眼被堵塞的痕迹，证明架格自始即为单一栏杆做，而不是残缺了下两层，才敢购入这与众不同的新颖品种。当年明式家具热潮已在香港涌起，架格又是甚受藏家欢迎而且实用的家具，购入此架格后不久就被叶承耀医生从【嘉木堂】买去。

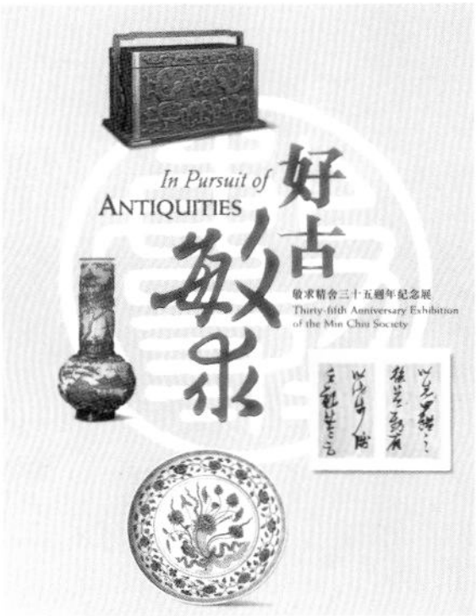

香港艺术馆 1995 年「好古敏求」展览图录封面

1991年香港中文大学举办“攻玉山房藏明式黄花梨家具：楮檀室梦旅”展览，展出叶氏藏品68件套，是次展览是近代人对明式家具认知的重要里程碑，在柜类有详细的阐述（见207-209页大方角柜成对）。这件架格是当时展品之一。他的独特设计，使部分古董界业者议论纷纷，特别是上世纪60、70年代经营中国古家具的海外行家，参阅展览图录见这新颖品种[15]，就质疑他的原整性。亦有香港本地行家，以没有别例为依据堕入同样怀疑。

1995年香港艺术馆举办“好古敏求·敏求精舍三十五周年纪念展”，展出来自精舍成员收藏的传统中国古董艺术品如书画、瓷器、玉雕等，更增加了一个新项目，明式家具，而且为数有六十余件套之多。香港敏求精舍创立于1960年，以研究艺事，品鉴文物为宗旨，历年集香港众多知名收藏家为成员。舍员收藏广阔精辟，为人所知。这次展览，遴选委员会挑选了叶承耀医生的黄花梨三层架格，更在征集过程中发现另一位舍员竟然藏有一件尺码相同，亦只有单一栏杆，与叶氏一件如出一辙的黄花梨架格，于是凑成整对展出，顿成当年佳话，而这便使架格不完整的谣言不攻自破。香港艺术馆展览图录，亦将两件合并成对刊出[16]。

黄花梨三层壶门式圈口栏杆架格

长 103.3 厘米 宽 38.5 厘米 高 173.9 厘米

香港 攻玉山房旧藏

黄花梨方材三层全敞带抽屉大架格，高190.7厘米，长111.2厘米，深41.7厘米。这大架格比前两例高与长，是传世珍贵木材造架格中最大的一类。方材打洼，每层格板均独木造，十分讲究。中层下设三具抽屉，抽屉脸安白铜面页与拉手。三层心板上空当，上小下大渐进。利用留白的空间予人一种空灵中见稳重的感觉，独具匠心。

黄花梨三层全敞带抽屉大架格
长 111.2 厘米 宽 41.7 厘米 高 190.7 厘米
美国 旧金山 私人藏品

黄花梨方材三层带两组抽屉大架格，高199.3厘米，长110.5厘米，深41厘米[17]。通体黄花梨木造，木纹华美，选料上佳。此件架格与上例基本相同，方材打洼，每层格板均以独板造，每层心板上空当亦是上小下大渐进，带抽屉。不同之处是最下层牙板形状有异，而顶端就加设了一组抽屉。在这199.3厘米高不可攀的高度置三具抽屉，抽屉脸还安白铜锁销、锁鼻，使其可用穿钉或铜锁把抽屉锁住，是非比寻常的设计，使人推测这或是个别特制的家具。

但这架格不是孤例，笔者也曾遇上另一具抽屉也是设在顶端，同样方材打洼，抽屉体积同样上组比下组细如现例，亦安铜锁销、锁鼻，也是通体黄花梨造，选料及施工均精的黄花梨大架格。

黄花梨三层全敞带抽屉大架格

长 110.5 厘米 宽 41 厘米 高 199.3 厘米

台北 陈启德先生藏品

方材打洼

黄花梨方材三边围栏杆带抽屉大架格。每层两侧及后背的栏杆，以罗锅枨及宽阔牙板组成，后栏杆加矮老两个。牙板两端向下曲，与罗锅枨形象相呼应，也让层板与牙子中留出窄长的空间，不会予人密封累赘的感觉。上层下安三具抽屉，高度约当人胸际，便于开关。抽屉脸装白铜面页拉手。此架格基本全素，只在栏杆的曲形牙子上端施宽阔扁平的皮条线，而最下层牙条两端则锼出几个弧弯形，增添意趣。整件内外通体黄花梨木做，十分讲究。

黄花梨方材大架格长124.5厘米，宽45厘米，高186.4厘米，与前两例同属传世架格最大形的系列。明代制作珍贵木材大架格，多年来笔者仅遇上五六件，十分稀少。

硬木造架格也有四足圆材，每格两侧与后背安券口或圈口牙子，又有后背装板的。这些制作均被近人视为明式，但笔者综合多年观察、剖析明式家具经验，认为只有方材全敞，或带栏杆，或带抽屉的结构，才是明代制作，而其他型制年代均较晚。

美国纽约国际亚洲艺术博览会 IAAF【嘉木堂】展览场景

[**收藏故事**]

1999年3月，人在纽约曼哈顿63街与第一大道交口的一家名不见经传并颇简陋的食店，当时已是凌晨时分，刚从国际亚洲艺术博览会会场所在的67街帕克大街带着疲倦的身躯，走到这家凌晨四时才打烊的店内。（纽约国际亚洲艺术博览会The International Asian Art Fair，在案类篇74-75页架几案文中也提及）一行人由早上开始建造【嘉木堂】在博览会内的场地展厅，继而开箱取出由香港运去是次展出的明式家具，按着设计图样放置、上蜡推磨令家具以最好状态呈现人前，调较灯光等等装置，为翌日开幕式作准备。整天不停工作，此时大家已筋疲力尽，席上无人说话，也食不知味。

突然的电话铃声响起打破了大家的沉默，从习惯知道纽约凌晨时分的电话几乎必来自亚洲，果然是合作已久的香港古董店主刘继森，告知河北廊坊刘姓行家正面对着黄花梨大书架一件，物主要价高，型制特别前所未见，不敢买下，想知道香港业界会否承接。试想在电话谈家具，什么曲形牙板，什么罗锅枨，什么皮条线，殊不简单。不是专业熟知明式家具设计结构者，是无法想象所说东西的具体形象。我拿笔在食店餐巾上，边问边画，不久就取得了大架格的结构图。再问整件每一个空间部位的纵横尺码，记录下来。其后重新按比例再画一遍，就取得了整件东西的正确全貌。一看大喜，黄花梨大架格比例匀称兼大器，对方又报告保存状况良好，当然说要，就这样一锤定音。当时席间包括香港【嘉木堂】老臣子欧阳宝煌、伦敦【嘉木堂】冯汝嘉及英籍同事Gina Le Seelleur，都围上来看着桌面餐巾上大架格图像的逐步成形。大家当然知道是

伦敦【嘉木堂】冯汝嘉与香港【嘉木堂】刘曼婷

弧弯形牙子

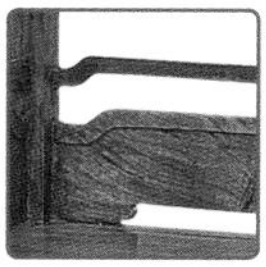

曲形牙板阔皮条线

黄花梨三层围子栏杆带抽屉大架格

长 124.5 厘米 宽 45 厘米 高 186.4 厘米

三亚 私人藏品

怎么回事，但基于【嘉木堂】不成文的规则，未进门的东西不宜谈论，避免走漏风声，当时无人作声，但每人的心情已不一样。特别是我，大架格的出现几乎令我疲劳尽去，如注射了兴奋剂。再细看眼前手画图案，知道此架格不是孤例。加州中国古典家具博物馆出版的学会会刊中，多年前已刊出一例[18]。

回港后高兴地接收黄花梨大架格，要知明代制作同类传世品十分罕有，异常珍贵，不想轻易转让。耐心等待，四年后【嘉木堂】举办“中国家具·文房清供”[19]展览，其间终于为精品架格觅得适当的归宿。

方角柜

方角柜的特征是他们外形方方正正，柜门用铜合页安装在柜足上，柜足与柜顶用粽角榫接合，柜顶转角位成方形。

黄花梨小方角柜，高100厘米，长73.2厘米，宽43厘米。此柜柜门心板用整板对开，木纹华美，纹理对称，落堂装入门框槽口内。四根门框内沿边起线，加倍突显心板木纹如画的视觉。两侧柜帮同样落堂装入内压边线的柜足，柜顶与底的横枨。铜合页、面页长方形，与锁钮、拉手均白铜做。柜下方施宽阔壶门式轮廓牙子，正面牙子高浮雕双向卷草龙纹，起饱满阳线，与光素上身相映成趣。

黄花梨小方角柜
长73.2厘米 宽43厘米 高100厘米
英国 伦敦 业界

粽角榫

面页平镶入闩杆与两门框

大方角柜高205.7厘米，长99.3厘米，宽53.5厘米。柜身两侧板与两扇门心板及门框全部平镶，通体平整光素。两门之间安“闩杆”，闩杆上亦镶白铜面页、锁钮与拉手，加铜锁或铜钉后即可将柜门和立柱闩在一起，更加牢固。底枨下安窄牙条及牙头。

四面平结构，长方形或圆形铜合页与面页，加锁钮与叶形铜吊牌拉手，全身光素，是方角柜的常见式样。此柜十分高大，两扇门通长装板，用整板对开，纹理对称，选料及施工均精。铜饰件卧槽平镶，使黄花梨大柜更觉平整简洁。

黄花梨大方角柜
长 99.3 厘米 宽 53.5 厘米
高 205.7 厘米
意大利 罗马 私人藏品

黄花梨大方角柜，既高且长又宽，高191厘米，长110厘米，宽63.2厘米[20]。正面门扇平镶，而两侧柜帮落堂装。这样的结构，也是方角柜的常见式样。下方牙子取材极宽，镂出壶门式，壶门线条柔婉，破除了大方角柜轮廓的平直单一。

柜内有屉板一层和安有两个抽屉的抽屉架。通体挂麻披灰裹漆，原来的红褐色漆灰，大部分保存良好，十分难得。

黄花梨大方角柜

长110厘米 宽63.2厘米 高191厘米

意大利 帕多瓦（Padova） 霍艾博士藏品

方角柜内部

古代方角柜的制造是成双成对的，但传世品中能成对保存下来，较为难得。

黄花梨方角柜成对，高173.8厘米，长87厘米，宽45.1厘米。与前例较雄伟的造型略有不同。选料及施工皆精，但这对用材较纤细，予人清秀的感觉。用材虽小，但比例适宜。铜合页、面页舍长方而取圆形，使硬朗的观感转为柔婉，更能配合其整体娟秀瑰丽之气韵。

黄花梨方角柜成对

长87厘米 宽45.1厘米 高173.8厘米

香港 私人藏品

方角柜分大、中、小型。此柜高123.8厘米，属中型。两扇柜门不安铜合页，而在门框外侧上下两头伸出门轴，纳入造于柜顶与门下腿足间横枨的臼窝，木轴在柜门开关时旋转于臼窝内。

木轴门柜是古代家具结构一大种类，一般不用于方角柜。此具方角柜与木轴门柜的结合体，是另类设计，比较少见。

黄花梨木轴门方角柜
长 75.8 厘米 宽 38 厘米 高 123.8 厘米
美国 弗吉尼亚州 私人藏品

黄花梨大方角柜成对

长105厘米 宽62.6厘米 高187厘米

香港 私人藏品

这对黄花梨大方角柜，高187厘米，长105厘米，宽62.6厘米，两扇门上下设一段横板，是更加少见的例子。柜足内沿边起线，与柜顶，柜门上下横枨与底枨上的线脚交圈，门框内也压同样线脚。上下两段横板，门心板与两侧柜帮全部落堂安装，与周边压线脚构件层次分明。底枨下镂出壶门式轮廓牙条，起饱满的灯草线。

古代陈列方角柜，皆成对合拼而列。此对合拼陈列后，外形方正、明确利落。虽全身光素，但线脚装饰细腻，壶门式牙条弧线柔和悦目，予人一种刚劲中见柔婉，简约明快中见精致的感觉。

柜内中央设通长格板，下装抽屉两具。抽屉面安白铜面页和拉手。门下柜膛安盖板两块，以木轴启闭，盖板上镶白铜面页与拉手环。背板分两块做，均可拆卸。此对方角柜保存情况甚佳，内外通体用黄花梨造，十分讲究。

[收藏故事]

这对优秀独特的黄花梨大方角柜，是香港攻玉山房主人叶承耀医生的旧藏[21]。1991年9月香港中文大学文物馆以整馆展出叶氏收藏的明式家具时，他们是展览品的主角之一[22]。

这次展览是近代人对明式家具认知的重要里程碑。王世襄先生更在展览图录中以四首绝句阐述古代家具在中国二十世纪走过的沧桑经历[23]。

中岁徒劳振臂呼，檀梨惨殛泪模糊。
而今喜入藏家室，免作胡琴与算珠。

一九五七年曾草呼吁抢救古代家具一文，载《文物参考资料》，人微言轻，难通上听，覩此惨况，只有挥泪而已。

墨老分书势伟恢，传家今得额尊斋。
从来异木同琼玖，攻玉原当爱美材。

攻玉山房斋额乃墨卿太守所书，《格古要论·异木篇》所列皆紫檀花梨鸂鶒等珍奇木材。

行案功侔折叠床，茎蟠衣桁瑞芝长。
羡君堂上多佳器，日暝犹生熠熠光。

平头案可折叠拆卸，为出行时用具，衣架镂蟠芝纹，意匠不凡，皆攻玉山房中精品。

妙笔殷勤写素笺，图文相映各生妍。
独家藏器裒成集，此是寰中第一篇。

图册编写出伍嘉恩女士之手，叙述精到，独家藏器印成专册，中外所无实为创举。

随着当年早期家具实例接二连三地问世，吸引了专家学者与收藏家的注意力，明式家具逐渐成为世界各地私人收藏家与博物馆的关注项目。鉴于当时中国古典家具研究的书籍不多，笔者在中文大学展览期间，邀请了中外学者包括笔者七人，出席巡回讲座，发表明式家具研究新信息，开创以明式家具为专题的国际研讨会先河。

出席讲学有中国文博大家王世襄先生，英国国立维多利亚阿伯特博物院当时的远东艺术部主任柯律格（Craig Clunas），维多利亚阿伯特博物院得天独厚，馆内藏明式家具颇富，部分是早期驻亚洲大使回国后的捐赠品[24]；拉克·梅森（Lark E Mason Jr.），美国纽约苏富比中国部主任，梅森在上世纪80年代四处搜猎存在美洲、于1949年前流出中国的明式家具[25]，并运到纽约上拍，使纽约成为当时中国古典家具的交易中心；田家青，北京的中国古典家具研究会创办人之一，研究清代家具；柯惕思·埃瓦茨（Curtis Evarts），美国加州中国古典家具博物馆副主任；鲁克思（Klaas Ruitenbeek），当时是荷兰阿姆斯特丹国立博物馆（Rijksmuseum）的中国、日本艺术部主任，现任德国柏林国家博物馆亚洲艺术博物馆总监，鲁克思钻研木工，博士论文为《〈鲁班经匠家镜〉校注》[26]；加上笔者共七人，笔者由收藏家转型为业者，累积了些早期家具经眼、过手的实践经验。

明式家具专题讲学大受欢迎，香港收藏界、文物界倾巢而出，座无虚席。笔者更邀请国际亚洲艺术月刊杂志《Orientations》在1992年1月以专辑刊载发表论文，向全世界读者传达明式家具收藏研究的信息。

1991 年香港中文大学文物馆「攻玉山房」家具展览场景

《英国国立维多利亚阿伯特博物院藏中国明式家具》专辑封面

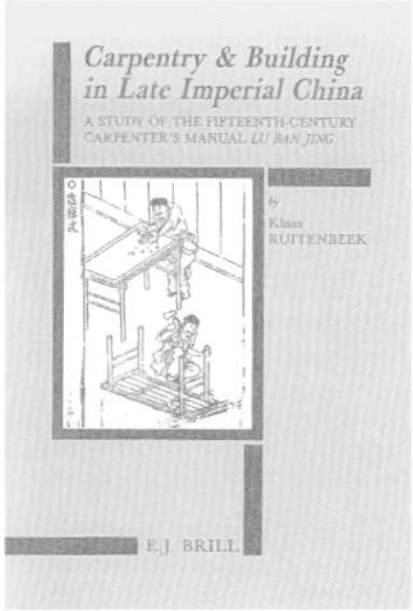

鲁克思著《〈鲁班经匠家镜〉校注》封面

透格门方角柜

此柜分上下两层，四扇门，以白铜合页安装。上下两扇门间均设活动式闩杆。透格门与上层柜侧以短材攒接成冰绽纹图案。上层合页面页长方形。下层合页如意形，面页六角形，上镂刻云纹。以简单的长方形铜活衬配冰绽纹透格门，下层全素柜门则安有装饰效果的铜活，大柜的方角形轮廓平直单一，其下安线条柔婉的壶门式宽牙子，都是精心营造的设计。

下层柜门之内还有抽屉两具。柜高197.4，长109.5，宽50厘米，通体用黄花梨造，非常讲究[27]。

有一种柴木透格门柜，民间普遍使用以存放食物，除背板外，两侧及门均用直棂或用纵横材接成方格，透棂造成，使人能透视柜内。透棂内可糊纱或任其透通。这类家具，在苏州一带称“饭橱”。现例冰绽纹透格门柜，就源自民间的饭橱。以珍贵木材如黄花梨或紫檀木制同类家具，用途应是放置观赏器物或图书而不是食物，而透棂亦有较富装饰性的图案如现例的冰绽纹或下例的云纹花片等的变化。

黄花梨冰绽纹透格门柜
长 109.5 厘米 宽 50 厘米 高 197.4 厘米
台北 私人藏品

刻纹如意形合页

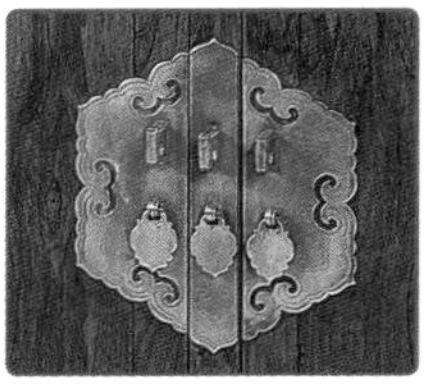

六角形面页

透格门柜内部

黄花梨四簇云纹透格门柜成对

长 104.8 厘米 宽 47 厘米 高 196 厘米

香港 私人藏品

此对造型华丽的透格门方角柜，高196厘米，长104.8厘米，宽47厘米。柜门用云纹花片组成，再以十字连缀，上下分段装透雕缠枝花卉及卷草游龙纹绦环板。柜内三层带两具抽屉，挂麻披灰裹漆，保存状况甚佳。此对柜玲珑剔透，极具装饰性，为明代苏州地区制品。柜侧板用榉木制，而榉木又是苏州东山一带的特产，亦可视为是产自苏州地区的旁证。

顶箱柜

黄花梨大顶箱柜是屏风以外最大型的明式家具。此对身高259.5厘米，长133.1厘米，宽62.5厘米，顶箱柜一般整对合拼而列，更觉气势磅礴。顶箱柜由上下两截组成，下一立柜，上顶柜又叫顶箱，由于柜子多成对，每对柜子立柜顶箱各两件，共计四件，所以又称四件柜。此对四件柜柜身通体光素，只立柜下大牙子分心花透雕云头，两端锼出卷花叶纹，而白铜合页面页就用六出云头式，足底加锼花铜套，铜件实用又能取得装饰效果，与壶门锼云头下牙子相呼应。柜门和两侧，三面装板平镶，活后背，可装可卸。每两扇门间设闩杆，门下有柜膛。立柜内由上至下，第一层为屉板，第二层为屉板连抽屉架安抽屉，第三层为柜膛盖板，分隔成四个空间。顶箱则只有屉板一层。

多年遇上成对的黄花梨素身大顶箱柜，均为旧木改制，其中因由笔者长年思考但仍无法解答。只知这对在机缘巧合下得到的精美黄花梨大四件柜，差不多是明代制传世品的孤例，难能可贵。

[收藏故事]

1989年秋，与访港伦敦中国古董商人儿瑟匹·艾斯肯纳斯（Giuseppe Eskenazi）吃意大利晚餐。艾氏忽然说起是次路经洛杉矶，有韩国瓷器收藏家从南加州得到一批中国明式家具，是曾客居中国的白俄裔女士搬迁出让的，但他不懂家具，没有看。在脑海中，我清晰地看见自己刀叉在手，停顿在面前的空气中，结结巴巴地说：“东西还在吗？我能看吗？”艾氏见状，哈哈大笑，答应吃饭后去电查询。整顿饭食不知味，回到家中不停踱步，实在按捺不住了，去电追问，原来已联络上，东西还在，欢迎我到洛杉矶鉴定。大清早起床立即订机票，当天出发，直奔洛杉矶。（艾氏与笔者的家具缘在椅类篇122-123页南官帽椅四张成堂有述）

这批机缘巧合遇上的家具，其中不乏精品，部分更是在二十年后的今天，也未有能超越他们的例子，包括这对黄花梨大四件柜。运回香港后即辟秘室存放。【嘉木堂】成立于1987年，同时建立维修工场。我与工匠们每天面对明式家具已经历两三年，我们研习无间且不断实践，维修工艺已有一定水平，但四件柜体积庞大兼特别贵重，大家又未有在这么大平面上打磨推蜡的经验，于是决定请伦敦家具复修工场主人克里斯托弗·库克（Christopher Cooke）来港处理。库氏工场专门维修欧洲古董家具，工作人员全是科班出身，对中国家具也有实践经验。（库氏工场在下文224页瓜棱腿圆角柜中有述）

黄花梨顶箱柜复修后雄伟壮观，照相直寄加州中国古典家具博物馆，馆长罗伯特·伯顿（Robert Burton）不看实物就来电订购，从加州来的又往加州去[28]。

黄花梨顶箱柜与其他加州中国古典家具博物馆藏品

黄花梨大四件柜成对

长 133.1 厘米 宽 62.5 厘米

高 259.5 厘米

美国 前加州中国古典家具博物馆旧藏

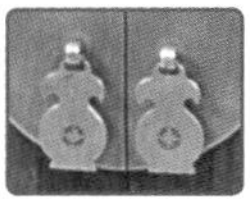

白铜嵌黄及红铜吊牌

黄花梨顶箱带座四件柜

长83.5厘米 宽48.5厘米 高174.7厘米

香港 攻玉山房

顶箱带座四件柜，即顶箱本身带底座，然后再放置在立柜之上，故顶箱身较立柜略小一圈，是明代四件柜的形式之一。带座的顶箱也适合独立放置在地上，故容易被人拆开使用而与主柜失散，传世品非常罕见，只知北京智化寺有多具柴木做的大型例子，顺着佛殿内两面墙壁摆放，内置法器经书。

现例黄花梨制，通高174.7厘米，长83.5厘米，深48.5厘米。顶箱，立柜正面和两侧三面装板平镶，有柜膛，是顶箱柜的基本式。顶箱底座与立柜下牙子锼出起阳线壶门式轮廓牙子，上刻卷草纹，上下相呼应，圆形合页面页皆白铜制[29]，吊牌拉手为白铜嵌黄与红铜。

亮格柜

黄花梨亮格柜
长88.8厘米 宽49.9厘米 高173厘米
比利时 布鲁塞尔 私人藏品

上格下柜的结合体为亮格柜，亦有“万历柜”之称。有说这是万历帝时收藏鉴赏古董风气兴盛而产生的家具品种，适宜展示各类藏品，但这说法未找到依据。

黄花梨亮格柜高173厘米，长88.8厘米，宽49.9厘米。通体平整光素，亮格三面全敞，后背装板。铜饰件是长方形合页，葵花形面页，云头花片吊牌与锁钮，以厚白铜做。柜膛下平镶素牙子，整件结构简练，朴质无文，淳厚耐看。

荷兰马斯特里赫特国际古董艺术博览会 TEFAF 1996 年【嘉木堂】展厅外貌

[收藏故事]

黄花梨亮格柜，是【嘉木堂】参加国际古董艺术博览会TEFAF 2006年的展品之一[30]。前文案类（见69-70页独板带托子翘头案）中已略提及在荷兰马斯特里赫特城举办的国际古董艺术博览会TEFAF。博览会成立于1975年，每年邀请世界各地古董艺术品的二百多家顶尖业者行家，在十多天内展出他们经营领域中的一级古董艺术品，包括远古、中世纪至当代的世界各地文化、各式各样的艺术品。TEFAF是世界规模最大，入场人数最多的古董艺术博览会。在2006年博览会开幕式当天，单是为出席而降落于小镇马城机场的私人飞机就多达192架，此博览会在艺术市场的地位可见一斑。【嘉木堂】首次被邀请参展是在1996年，中国明式家具在1996年还未被太多人认识，来自欧洲而至世界各国的古董艺术收藏家、鉴赏家、博物馆、业者和传媒界，无不对这陌生家具的品质惊叹不已。在十年后的2006年，西方对明式家具已有一定的认知，大会组织更挑选【嘉木堂】展出的黄花梨长平头案为该次博览会十五大亮点之一[31]，而入场中人已不乏爱好者，更有来自各地加入了明式家具收藏队伍的知音。黄花梨亮格柜的新主人——比利时籍青年伉俪，十年前在马城邂逅明式家具，至2006年已拥有十多件套颇成系列的收藏。

黄花梨券口亮格柜成对
长 103.6 厘米 宽 54.2 厘米 高 182.5 厘米
三亚 私人藏品

此对黄花梨亮格柜[32]与上例构造基本相同，尺码相约。柜身均四面平，有柜膛与素牙子。不同之处只是亮格三面安券口而不是全敞，铜合页用圆形不用长方形。券口是线条柔婉的壶门式窄牙子，起阳线并带分心花卉与两端透雕卷叶纹。这些装饰再加上较轻盈的圆形铜活，就使此对柜活跃起来，与上例迥异其趣。

这类亮格后背装板，正面与两侧安券口加小栏杆的亮格柜，一般被称为“万历柜”。

此件黄花梨万历柜体积硕大，高191.3厘米，长122.7厘米，宽52.9厘米。上格是标准式的后背装板，三面券口牙子起阳线并翻出叶形小钩，落在有望柱的栏杆上。正面中间开敞，只两端安栏杆两段。栏杆框内装精工透雕蟠螭纹绦环板。亮格以下门板与柜侧，以四面平造法制成，平整简洁。铜饰件卧槽平镶，面页圆形，合页长方。柜下牙子锼出起线壶门式轮廓，中部浮雕卷纹。柜内有屉板一层和安有两个抽屉的抽屉架。

黄花梨券口栏杆万历柜
长 122.7 厘米 宽 52.9 厘米 高 191.3 厘米
英国 牛津 私人藏品

黄花梨方角万历柜

长 111.5 厘米 宽 53.6 厘米 高 175.5 厘米

英国 伦敦 私人藏品

这具外貌如常见的大方角柜，开启两扇门后变为万历柜，令人眼前一亮。通体黄花梨木制。门内上层仿如亮格，设壶门式轮廓券口，起线浮雕螭龙纹，与同是锼出壶门形雕螭龙纹柜下牙子相呼应。券口下栏杆设计精巧，下有亮脚。中间开敞，两端安有望柱的栏杆两段，长方框内装透雕螭纹绦环板。此下有抽屉架安三具抽屉，屉面精雕花卉纹。铜钮头两枚钉在抽屉架中部，柜门关后钮头穿过柜门的大边及铜面页露出在面页之上，以便穿钉加锁。抽屉下再安一层屉板[33]。

透雕栏杆、花卉纹屉面

螭纹券口牙子

方角万历柜外部

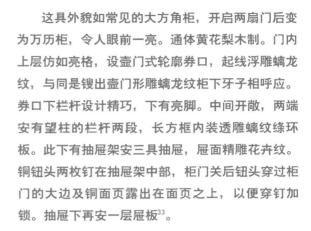

圆角柜／木轴门柜

圆角木轴门柜是中国传统家具最精巧优美的设计之一。四足自喷面的柜帽下展出些微外斜的侧脚。这种下舒上敛的设计令此类柜集精致优雅及平衡稳固的优点于一身。柜门大边上下两端伸出门轴，纳入柜身框上下的臼窝，以为轴门旋转开启，令柜身无需加附铜活合叶，整体线条利落清爽，一气呵成。

此柜长74厘米，宽40.6厘米，高112.9厘米[34]。柜帽冰盘与四足均起混面压边线，柜门边抹亦然。有闩杆，柜门心板用整板对开，纹理对称。底枨下安起线牙条牙头。柜帽顶部装黄花梨板平镶。这是较考究的造法，不少黄花梨木轴门柜顶板以柴木落堂装嵌，在上髹漆。

黄花梨小木轴门柜
长74厘米 宽40.6厘米 高112.9厘米
美国 波士顿 私人藏品

黄花梨小木轴门柜，两扇门以独板斗柏楠木镶心。斗柏楠木又称骰柏楠，明代书籍《格古要论》中认为骰柏楠“满面蒲（葡）萄”为上品。此柜侧脚较显著，腿足外圆内方，柜帽及柜门边抹混面压边线，有闩杆，素牙头，除了门扇心板用斗柏楠而不用黄花梨木做，这柜可视为木轴门柜的最基本式[35]。

斗柏楠纹理纵横不直，容易破裂，故木轴门柜传世实例带斗柏楠门心板的不常见。

黄花梨瘿木门木轴门柜
长71厘米 宽41厘米 高107.8厘米
湖州 私人藏品

黄花梨方材木轴门柜成对
长 74.3 厘米 宽 41.2 厘米 高 125.3 厘米
香港 伍嘉恩女士藏品

黄花梨方材木轴门柜成对，长74.3厘米，宽41.2厘米，高125.3厘米。通体光素无纹，更显黄花梨本身木纹的华美。每具的柜门心板与两侧板均用独板做，更是开自同一整板，亦因此每具四面木纹对称，非常难得。

1983年，我人在纽约，听闻加州伯得富（Butterfiel's）拍卖行出现了一对黄花梨圆角木轴门柜，十分兴奋。要知道圆角木轴门柜一向被推崇为中国传统家具最精巧优美的设计之一，他们对英美十九至二十世纪初的美术工艺运动（Arts & Crafts Movement）中的家具设计影响甚大，属明式家具收藏家必备系列。单件已难得，一对更是梦寐以求的极品组合。四处打听查找，得知是美国外交官菲利普·斯普鲁斯（Philip D. Sprouce）[36]的旧物，1946年流出中国，其后人在1983年秋季出售，现已易手两次。那年代明式家具如凤毛麟角，这对木轴门柜又是极少数流传有续的实例，我岂能就此罢休？于是穷追猛打找寻线索下落，原来已搬家到伦敦中国古董商人儿瑟匹·艾斯肯纳斯（Giuseppe Eskenazi）的店铺！立即直飞伦敦，一眼定情，以高价购入。

柜柱用方材，轻微外斜上敛下舒，比例完美，平稳悦目，两对木门心板与四柜帮均取自一材，纹理飞扬，精彩至极。到今天，在家中看上他们一眼，回顾旧事，兴奋程度仍不减当年[37]。

黄花梨方材木轴门柜成对陈置在作者家中

大型黄花梨木轴门柜。在传世实例中，较中、小型的难得。

黄花梨瓜棱腿大圆角柜，长93.3厘米，宽52厘米，高184.2厘米。通长门扇心板整板对开，木纹对称，纹理飞扬。腿足线脚瓜棱瓣中夹细线，柜帽及柜门边抹双混面压边线，刀法快利。牙头兜转翻出半个云头。此例造型雄伟而其细部又极圆熟，是同类大柜的典范。瓜棱腿大圆角柜的实例寥寥可数，而整对笔者在这么多年也只见过四对。

黄花梨瓜棱腿大木轴门柜
长93.3厘米 宽52厘米 高184.2厘米
香港 私人藏品

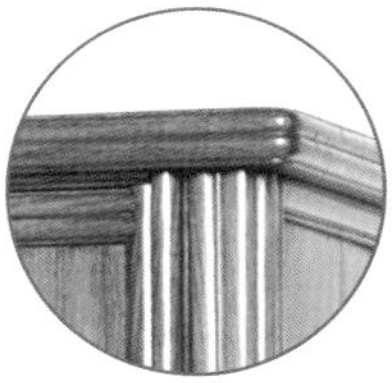

双混面压边线

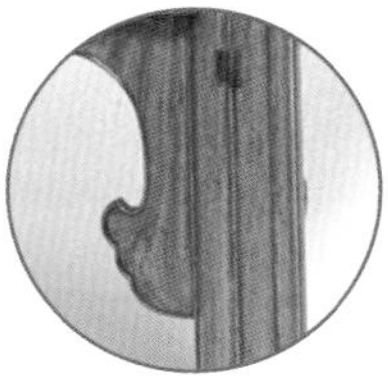

瓜棱腿、云纹牙头

[**收藏故事**]

其中一对在1982年出现于伦敦。英国苏富比拍卖公司的伦敦总部位于世界驰名的精品商店街邦德街（Bond Street）。在苏富比对面的一家古董银器首饰店旁有一个窄窄矮矮，如同隧道般的入口。走进入口，就是两条静寂小街的交口，一下子与背后繁华的邦德街形成鲜明对比。这样的格局——街头巷尾转个弯就别有洞天，是伦敦市中心的特征。小街尽头，一幢由马厩改建的旧房子地库，当年是一家古董家具维修工场，专门为遍布邦德街区高档英国、法国古董家具店服务。工场主人克里斯托弗·库克（Christopher Cooke）也研究中国家具。其时欧美的中国古董业界多用库氏维修自己得到的中国家具，库氏工场因此积累了不少实践经验。

明式家具热在上世纪80年代末期开始蔓延至全球，世界各地中国古董商人也争相经营，而库氏工场就是他们背后的支柱。明式家具能在这期间以实用艺

古董家具维修工场主人克里斯托弗·库克

作者摄于美国堪萨斯市纳尔逊·阿特金斯艺术博物馆藏的黄花梨拔步床后

术品迈向欧美，库氏工场应记一功。二十一世纪的来临见证了中国古董市场的东移，克里斯托弗·库克也随着这个趋势淡出市场。这些是后话。

上世纪80年代初期，是我收藏明式家具的“发烧”高峰期，粤语方言“发烧”是指痴迷到极点。我不但游走世界多地存放明式家具博物馆的展厅及仓库、流连在家具中，还四处寻找关于他们每一方面的讯息，更翻遍能找到的所有书籍、文章，研习家具历史、结构，吸收前人的智慧和经验。就在这阶段，一位伦敦行家尼古拉斯·格林利（前文桌类30-31页黄花梨攒牙子八仙桌有述及格氏）说他购入了一件黄花梨联三橱，正在复修，问我有意购买否。就这样认识了克里斯托弗·库克，而库氏工场的工匠亦在这情形下，锁定我的身份为工场客户的客户。这机缘巧合的邂逅，使我日后不请自来的出现受到礼遇。在好奇与求知心的驱使下，我在两年间无间断地“闯入”库氏工场。久而久之，见怪不怪，他们也习惯了我不停地出现。有时静坐观察，有时动手打磨自家拿来的玩意儿。要知木工匠成师，正途是入学或拜师，非三五年不能初有所成，更不是只凭观察就能上手的艺能。我倒也没妄想，我追求的只是西方维修家具的理念及打磨木器的工艺。日久见功，自觉开始入门。就在身穿蛙人工作服配中式绣花鞋的一天，看见了货运工人抬进工场一整对近两米高的瓜棱腿黄花梨大木轴门柜。从未那么近距离接触过这样精致瑰丽的明代大柜，还是一对！屏息打听宝属谁家，跟着以超音速度换衣服赶回家，马上去电问价，回答远远超出了我的预算。正犹豫不决间消息传来，黄花梨柜被提供给纳尔逊艺术博物馆（Nelson Atkins Museum of Art）定夺……黄花梨瓜棱腿大木轴门柜成对[38]，就这样与我擦身而过。

美国中部的小城堪萨斯市（Kansas City）有一座著名的博物馆，纳尔逊·阿特金斯艺术博物馆（Nelson Atkins Museum of Art），以丰富多彩的东方艺术品在全美国享有盛名。馆中更早在1966年已辟专室陈设原馆长劳伦斯·史克门（Lawrence Sickman）收藏的明式家具系列精品，包括迄今还是公开发表资料中传世孤例的明代黄花梨拔步床[39]。纳尔逊艺术博物馆直至今天还是明式家具热衷人的朝圣之地。

此件长90.1厘米，宽49.5厘米，高179.8厘米，选金黄色泽黄花梨木制，全身光素，线条清秀。四足外圆内方，柜帽及柜门边抹混面压边线，有闩杆，素牙子牙头，是木轴门柜的最基本式。两扇门下有柜膛，柜底以上一段空间，装通长的柜膛板，也是大型木轴门柜的基本式之一，美国波士顿美术馆（Museum of Fine Art, Boston） 中国家具展厅内，就有一件大型带柜膛紫檀木轴门柜。

黄花梨有柜膛大木轴门柜

长90.1厘米 宽49.5厘米 高179.8厘米

上海 私人藏品

美国波士顿美术馆家具专展「屏居佳器」图录封面

［收藏故事］

美国波士顿美术馆，建新中国家具馆陈设明式家具，在1996年5月以专题展览“屏居佳器”（Beyond the Screen: Chinese Furniture of the 16th and 17th centuries）[40]开幕。新馆有大堂、书房、卧室、庭园等独立空间，陈放各种明式家具，营造中国古代大宅家居的生活文化。

是次展出得益于金融界大亨约翰逊先生（Edward C Johnson Ⅲ）的赞助与当时是哈佛大学博士生的南希·白铃安女士（Nancy Berliner）的策划与筹备，展览甚具规模。约翰逊先生上世纪80年代末期开始收藏中国家具，至今已拥有庞大收藏系列，并自设仓库存放。

黄花梨带座木轴门柜成对
长 80.5 厘米 宽 47 厘米
高 186 厘米
香港 攻玉山房

传世实例中带几座的黄花梨木轴门柜不多，特别是整对如现例。通高186厘米，长80.5厘米，宽47厘米。主柜与本文各基本式圆角木轴门柜无异，只是不设闩杆。不设闩杆的木轴门柜也是常见的明代例子。几座面喷出如柜帽，四腿足内缩安装带侧脚。“柜帽”边抹起拦水线，待主柜摆在上时四足企在线内，起入槽摆稳的作用。几座设抽屉两具，下有屉板，中部留有空间，抽屉下与屉板下安透挖云纹牙头[41]。

黄花梨四抹透格门木轴门柜。如前文的透格门方角柜（见210-211页），都是江南地区民间普遍使用以存放食物的珍贵版。不用柴木做，以贵重的黄花梨木制，用以陈置观赏器物、书卷等珍贵物品。

四腿足外圆内方。柜帽、柜门大边及抹头混面压边线，两扇门间有活动式闩杆，有柜膛，素牙子牙头，这些都是大型木轴门柜的基本式样。两扇门则分三段，上下两段安直棂中穿两道横条，中安高浮雕连枝花鸟纹绦环板。高浮雕部分以阳线为轮廓，四外踩地，使花纹更加突出。两侧面安透棂绦环板，造法相同。

透格门柜是明式家具传世极少的一个品种。

黄花梨四抹透格门木轴门柜

长98厘米 宽45.5厘米 高170.5厘米

北京 业界

高浮雕绦环板

[注释]

1 【嘉木堂】荷兰古董艺术博览会2006年展品之一，载录于展览图录：Grace Wu Bruce《荷兰马城展览》，香港，2006年，图版21。

2 《金瓶梅词话》（"真夫妇明偕花烛"），明代长篇小说，插图明崇祯刻本，文学古籍刊行社，册一，第九十七回。

3 明朱檀卒于洪武二十二年（1389年），其墓出土家具四件，是少数有确切年代家具例子。其中包括龙纹戗金朱漆盝顶衣箱。山东省博物馆〈发掘朱檀墓纪实〉，《文物》，1972年第五期。

4 Grace Wu Bruce, *Zitan Furniture from the Ming and Qing dynasties*（《紫檀家具精选展》），香港，1999年，28-29页。

5 Christie's, *Important Chinese Ceramics and Works of Art*（佳士得《重要中国瓷器及工艺精品》），香港，2006年11月28日，拍品号1654，240-241页。

6 春元、逸明编《张说木器》，国际文化出版公司，北京，1993年，143页。

7 马氏以中央电视台《百家讲坛》栏目内容成书发行，见：马未都《马未都说收藏·家具篇》，中华书局，北京，2008年。

8 《鲁班经》是中国仅存的一本民间木工营造专著。明万历年间增编本改名为《鲁班经匠家镜》，新增的主要内容为家具条款和图式。《鲁班经匠家镜》卷二，页三十，明午荣编。Klaas Ruitenbeek, *Carpentry and Building in Late Imperial China, A Study of the Fifteenth-Century Carpenter's Manual Lu Ban Jing*, Leiden, 1993, 图版II 66.

9 《诗赋盟》（"饯别"），明代戏曲类书籍，明崇祯刻本。傅惜华《中国古典文学版画选集》下册，上海人民美术出版社，1981年，807页。

10 汉刘向撰、明仇英绘画、明汪道昆增辑《仇画列女传》（"吕良子"），妇女传记，明万历刻本，中国书店，北京，1991年，第八册，卷十六，五页。

11 香港攻玉山房藏品，载录于叶承耀医生收藏专辑II：Grace Wu Bruce, *Chan Chair and Qin Bench: The Dr S Y Yip Collection of Classic Chinese Furniture II*（《攻玉山房藏明式黄花梨家具II：禅椅琴凳》），香港，1998年，112-113页。

12 【嘉木堂】1995年新馆首次展销会展品之一，载录在同步出版的图录：Grace Wu Bruce, *Ming Furniture*（《嘉木堂中国家具精萃展》），香港，1995年，52-53页。

13 美国明尼阿波利斯艺术博物馆购自【嘉木堂】众多明式家具之一，载录于馆刊：Robert D. Jacobsen and Nicholas Grindley, *Classical Chinese Furniture in the Minneapolis Institute of Arts*, Minneapolis, 1999, p112-113.

14 霍艾博士藏品。2004及2005年在德国科隆和慕尼黑博物馆展出并载录于藏品专辑：Museum für Ostasiatische Kunst Köln, *PURE FORM Classical Chinese Furniture Vok collection*（德国科隆东亚艺术博物馆，《圆满的纯粹造型 霍艾藏中国古典家具》），Munich, 2004，图版 3.

15 Grace Wu Bruce, *Dreams of Chu Tan Chamber and the Romance with Huanghuali Wood: The Dr. S. Y. Yip Collection of Classic Chinese Furniture*（《攻玉山房藏明式黄花梨家具：楮檀室梦旅》），香港，1991年，108-109页。

16 香港艺术馆《好古敏求 敏求精舍三十五周年纪念展》，香港，1995年，289页。

17 此大架格是【嘉木堂】在伦敦1993年G H艺术古董博览会的展品之一，并在大会场刊刊登：*The Grosvenor House Art & Antiques Fair 1993 Handbook*, London, 1993, p261.

新主人台北收藏家也曾借架格出展于台北家具专题展览，也载录于展览图录：台北历史博物馆《风华再现：明清家具收藏》，台北，1999年，164页。

18 Journal of the Classical Chinese Furniture Society, Autumn 1992（《中国古典家具学会季》1992刊年秋季号）22页刊登毕格史伉俪收藏一具与现例如出一辙的黄花梨架格，但体积较现例小。

毕氏架格随后在纽约佳士得1997年9月拍卖，成交价244,500美元。

19 Grace Wu Bruce, *Chinese Furniture·Wenfang Works of Art*（《嘉木堂中国家具·文房清供》），香港，2003年，20-21页。

20 霍艾博士藏品。同注释14，图版2。

21 叶氏收藏专辑Ⅰ中有载录：Grace Wu Bruce, *Dreams of Chu Tan Chamber and the Romance with Huanghuali Wood: The Dr. S. Y. Yip Collection of Classic Chinese Furniture*（《攻玉山房藏明式黄花梨家具：楮檀室梦旅》），香港，1991年，116-117页。

22 在叶氏收藏专辑II中能见1991年香港中文大学文物馆内展出大方角柜的图像：Grace Wu Bruce, *Chan Chair and Qin Bench: The Dr S Y Yip Collection of Classic Chinese Furniture II*（伍嘉恩《攻玉山房藏明式黄花梨家具II：禅椅琴凳》），香港，1998年，192页。

23 同注释21，8-9页。

24 英国国立维多利亚阿伯特博物院藏中国明式家具专辑：Craig Clunas, *Chinese Furniture Victoria and Albert Museum Far Eastern Series*, London, 1988.

25 梅森撰文论1980前流散于美洲的明式家具：Lark E Mason Jr, Examples of Ming Furniture in American Collections Formed Prior to 1980, *Orientations*, January 1992, Hong Kong, p74 - 81.

26 鲁克思博士论文：Klaas Ruitenbeek, *Carpentry and Building in Late Imperial China, A Study of the Fifteenth-Century Carpenter's Manual Lu Ban Jing*, Leiden, the Netherlands, 1993.

27 1999年伦敦【嘉木堂】夏季展览以此柜作图录封面。*Ming Furniture: rare examples from the 16th and 17th centuries*, London Exhibition（《嘉木堂中国家具精萃展》），香港，1999年，40-43页。

透格门柜被此利时侣明室收藏，曾出展于巴黎、瑞士巴塞尔、北京等地专题明式家具展览，并在各目录刊出：巴黎展：Musée national des Arts asiatiques – Guimet, *Ming: l'Age d'or du mobilier chinois. The Golden Age of Chinese Furniture*（吉美国立亚洲艺术博物馆，《明——中国家具的黄金时期》），Paris, 2003, p198-201；巴塞尔展：Schweizerische Treuhandgesellschaft, *Ming: Schweizerische Treuhandgesellschaft and STG Fine Art Services Present the Lu Ming Shi Collection*, Basel, 2003, p23；北京展：伍嘉恩《永恒的明式家具》，香港，2006年，206-207页。2011年易主。见录于中国嘉德拍卖图录《读往会心——侣明室藏 明式家具》，北京，2011年5月21日，编号3371。

28 加州中国古典家具博物馆收藏专刊中载录此对黄花利大顶箱柜成对。王世襄编著、袁荃猷绘图《明式家具萃珍》，美国中华艺文基金会（Tenth Union International Inc），芝加哥·旧金山，1997年，130-131页；Wang Shixiang and Curtis Evarts, *Masterpieces from the Museum of Classical Chinese Furniture*, Chicago and San Francisco, 1995, p134-135。

大顶箱柜其后在纽约佳士得1996年拍卖会上拍，由新加坡业界竞得。Christie's, *Important Chinese Furniture, Formerly The Museum of Classical Chinese Furniture Collection*（佳士得《中国古典家具博物馆馆藏珍品》），纽约，1996年9月19日，拍品号30，74-77页。（加州博物馆拍卖在下文灯台编263-264页有述）。十五年后，大顶箱柜在北京中国嘉德2011秋拍中亮相，被北京娱乐界大亨购入。中国嘉德《姚黄魏紫——明清古典家具（二）》，北京，2011年11月12日，编号2983。

29 这件黄花梨传世孤品属香港叶承耀医生收藏。著录同注释22，106-107页。

30 Grace Wu Bruce《荷兰马城展览》，香港，2006年，图版20。

31 荷兰马斯特里赫特国际古董艺术博览会印行会场特刊，选出十五大亮点，建议入场观众不可错过的重点展品，明代黄花梨平头案是其中之一：*TEFAF Impressions 2006*，图版13。【嘉木堂】当年展览图录亦有刊登：Grace Wu Bruce《荷兰马城展览》，香港，2006年，图版14。

32 亮格柜原属香港攻玉山房藏，著录同注释22，108-109页。

2002年在纽约佳士得攻玉山房专拍中由笔者竞得，现归中国私人收藏家。Christie's, *The Dr S Y Yip Collection of Fine and Important Classical Chinese Furniture*（《攻玉山房藏中国古典家具精萃》），纽约，2002年9月20日，拍品号12，32-33页。

33 【嘉木堂】1994年搬迁到亚毕诺道环贸中心，其后首次在新馆举办展销会，精挑细选明式家具三十八件套。这具令人惊喜的黄花梨方角万历柜就是其中展品之一，载录于展览特刊：Grace Wu Bruce, *Ming Furniture*（《嘉木堂中国家具精萃展》），香港，1995年，58-59页。

34 这选料及施工极精的小圆角木轴门柜，是【嘉木堂】2000年的展览展品之一，并载录于展览图录：Grace Wu Bruce, *Ming Furniture, Selections from Hong Kong & London Gallery*（《明式家具香港伦敦精选》），香港，2000年，50-51页。

35 2007年【嘉木堂】荷兰马斯特里赫特国际古董艺术博览会展览品之一，载录于展览图录：Grace Wu Bruce《荷兰马城展览》，香港，2007年，图版17。

36 美国外交官Philip D. Sprouse（1906-1977年），自1935至1946年在美国驻原北平、汉口、重庆、昆明与南京使馆工作，1946至1949年任职美国外交部中国事务部。James R. Fuchs, "The Harry S. Truman Library - Oral History Interview with Ambassador Philip D. Sprouse" electronic document, http://www.trumanlibrary.org/oralhist/sprousep.htm, accessed 14 January 2009.

这对黄花梨柜在他回美国后一直放置在家中，直至其后人在上世纪1983年售出。

37 笔者藏黄花梨方材木轴门柜曾在《中国时尚》一书中刊出。Sharon Leece & Michael Freeman, *China Style*，新加坡，2002年，44-45页。

38 纳尔逊艺术博物馆在1982年购入的黄花梨瓜棱腿大木轴门柜，载录于Sarah Handler, *Austere Luminosity of Chinese Classical Furniture*, Berkeley, Los Angeles and London, 2001, p251.

39 黄花梨拔步床，因是出版中的传世孤例，曾在多处刊出。最有代表性的是原馆长在伦敦1978年演讲词特刊：Laurence Sickman, *Chinese Classic Furniture, a lecture given by Laurence Sickman on the Occasion of the third presentation of the Hills Gold Medal*, The Oriental Ceramic Society, London, 1978, p18.

40 展览图录同步出版：Nancy Berliner, *Beyond the Screen: Chinese Furniture of the 16th and 17th Centuries*, Museum of Fine Arts, Boston, Boston, 1996.

41 香港攻玉山房藏，在叶承耀医生家具收藏专刊有收录：Grace Wu Bruce, *Feast by a wine table reclining on a couch: The Dr. S. Y. Yip Collection of Classic Chinese Furniture III*（《燕几衎榻：攻玉山房藏中国古典家具》），香港，2007年，88-91页。

明式家具经眼录

床榻类

古典家具界称卧具中只有床身，上面没有围子或其他任何装置的为榻；床上后背及左右三面安围子的叫罗汉床；而床上有木柱，柱间装围子，柱上承顶架的曰架子床。

榻

黄花梨有束腰马蹄足榻的简约造型，充分表现明式家具设计能跨越时间与地域的界限。全身光素、直牙条、直腿足、下起内翻马蹄足。

在上海卢湾潘允征墓出土的明器家具中[1]，就有一件十分相似的榻，也有圆角柜、衣架、盆架、毛巾架、火盆架、衣箱、南官帽椅与画案等。潘允征葬于万历十七年（1589年），这些出土明器，明确地显示出晚明家具造型特征。

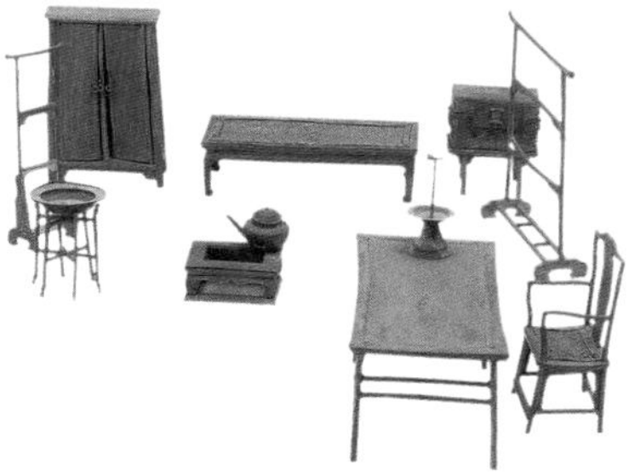

上海卢湾潘允征墓出土明器
上海博物馆
录于 Nancy Berliner, *Beyond the Screen: Chinese Furniture of the 16th and 17th Centuries*, 页 83.

黄花梨有束腰马蹄足榻
长 210 厘米 宽 77.4 厘米 高 53.4 厘米
美国 明尼阿波利斯艺术博物馆

[收藏故事]

这具雄壮宏伟的黄花梨榻，是美国明尼阿波利斯艺术博物馆藏品。

1999年6月，美国中西部明尼阿波利斯城望族后人布鲁斯·代顿（Bruce Dayton）伉俪，举办盛大宴会以庆祝当地博物馆内中国古董艺术馆的落成，馆内陈设具相当规模的明式家具收藏数十件，并同步出版收藏目录[2]，广邀全球中国明式家具爱好者及业内人士出席，这是当年收藏圈中的盛事。代顿先生是位年长美国绅士，热爱艺术，支持公益，用庞大财富购入各国历代古董艺术品捐赠当地博物馆，可谓气度无限。1996年纽约佳士得拍卖黄花梨镶大理石插屏式巨形座屏风[3]，成交价1,102,500美元创当时中国古典家具拍卖纪录，就是代顿先生的手笔，而巨屏正是明尼阿波利斯是次家具馆开幕的镇馆之宝。

开幕同一时间，我人在英国，参展已有80多年历史由英国皇家支持的古董博览会（The Grosvenor House Antique Fair）。自以为气力旺盛的我，更同时在伦敦【嘉木堂】举办中国古典家具展览，以精挑细选的明式家具珍品展示人前，期盼刚在去年秋季新开业的伦敦【嘉木堂】，能在世界古董中心的伦敦引人注目。怎办？因与代顿先生交情匪浅，馆中收藏更有相当部分来自香港【嘉木堂】，觉得没有选择余地，于是放下忧虑，前往明尼阿波利斯城，希望以最快速度赶上开幕典礼后再重回伦敦工作。

布鲁斯·代顿伉俪

美国明尼阿波利斯艺术博物馆陈列的黄花梨镶大理石插屏式巨形座屏风

人算不如天算，因需要前往有大风之城称号的芝加哥转机，未落地就遇上大风，飞机不能降落，要转往附近小城。辗转到达芝加哥后，原来要乘坐的飞往明城的飞机当然接不上，机场更像是挤满赶着回乡过年人的广州车站……当我终于到达明尼阿波利斯的时候，已错过了第一天的研讨会，但还好刚能赶上博物馆隆重的开幕式。当晚宴会我坐在代顿先生旁边时不停为迟来道歉，主人家却哈哈大笑，多谢我长途跋涉前来，说虽然天公不作美，但有诚意者必能排除万难，听说近如纽约的宾客，有些还滞留在加拿大多伦多！翌日中午，在攘攘几百位宾客中，代顿先生忽然出现在眼前，说怎么伦敦【嘉木堂】展览目录他没有收到，刚看到别人在翻阅，特别喜欢其中载录的黄花梨有束腰马蹄足榻[4]，而这具雄壮宏伟的黄花梨榻，就这样从伦敦搬家到了美国。

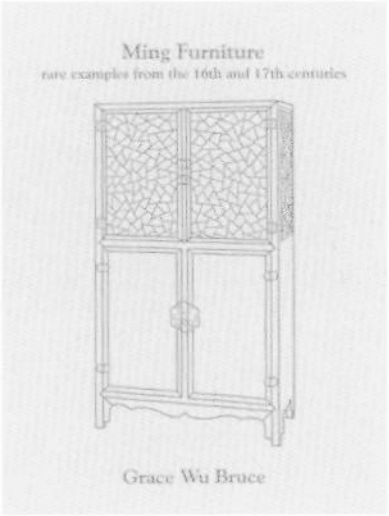

1999年《嘉木堂中国家具精萃展》图录封面

此件黄花梨无束腰马蹄足榻与前例相似，但无束腰，四面平制，更具跨越时空的现代感。

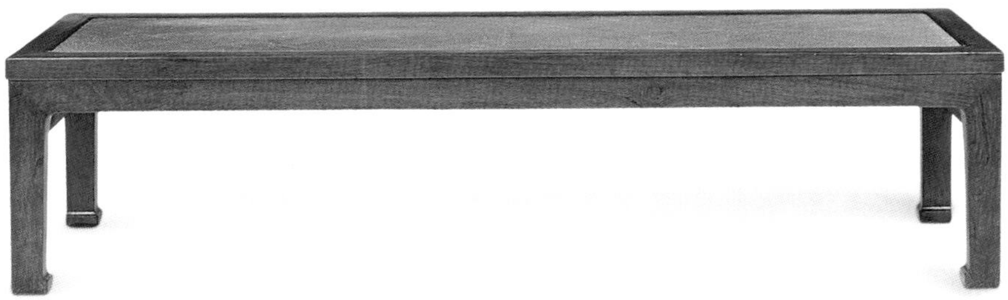

黄花梨无束腰马蹄足榻
长 213 厘米 宽 62.6 厘米 高 53.1 厘米
瑞士 韦尔毕耶（Verbier） 私人藏品

这榻有束腰、三弯腿、马蹄足、壶门牙条、沿边起线，略加雕饰，同是榻，与前两例观感有很大分别，明式家具设计的多元化，单看这三例，就可略知一二。

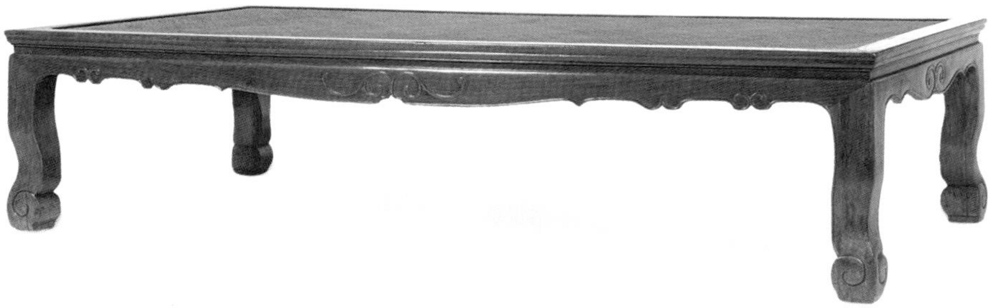

黄花梨有束腰壶门牙子三弯腿榻
长 222.9 厘米 宽 89.5 厘米 高 51.1 厘米
新加坡 私人藏品

万历年间出版的《三才图会》里，榻是有围子的[5]，而不是没有围子如前三例，现代称有围屏的榻为罗汉床。

文征明曾孙文震亨在《长物志》中，同样说榻是有围屏[6]，那么现在我们所称之“罗汉床”是否应依文献所记而改称为“榻”？

再看正统年出版的《对相四言》，罗汉床在这里称床[7]，不是榻。提出这些是想表明看古籍寻找家具的线索，要“提心吊胆”，不可妄作结论。

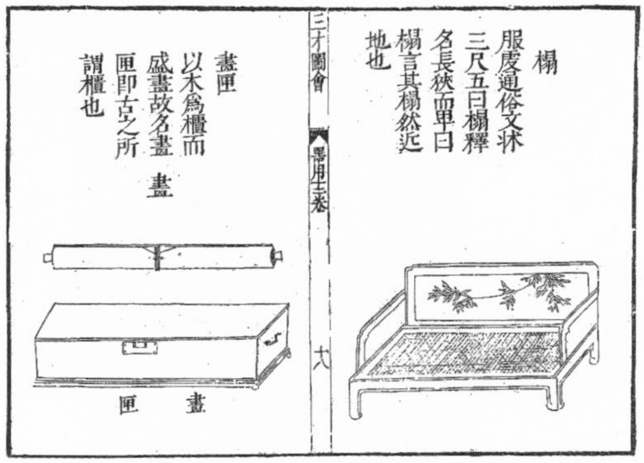

明王圻、王思义编《三才图会》内页所述之「榻」

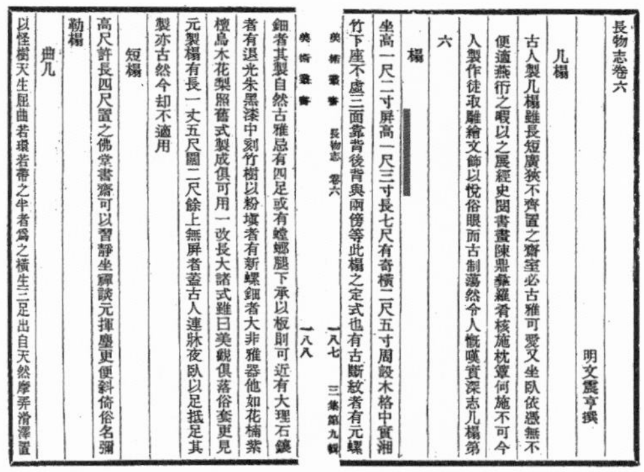

長物志卷六
明文震亨撰
几榻
古人製几榻雖長短廣狹不齊置之齋室必古雅可愛又坐臥依憑無不便適燕衎之暇以之展經史閱書畫陳鼎彝羅肴核施枕簟何施不可今人製作徒取雕繪文飾以悅俗眼而古制蕩然令人慨嘆實深志几榻第六

榻
坐高一尺二寸屏高一尺三寸長七尺有奇橫二尺五寸周設木格中實湘竹下座不虛三面靠背後背與兩傍等此榻之定式也有古斷紋者有元螺鈿者其製自然古雅忌有四足或有螳螂腿下承以板則可近有大理石鑲者有退光朱黑漆中刻竹樹以粉填者有新螺鈿者大非雅器他如花楠紫檀烏木花梨照舊式製成俱可用一改長大諸式雖曰美觀俱落俗套更見元製榻有長一丈五尺闊二尺餘上無屏者蓋古人連牀夜臥以足抵足其製亦古然今却不適用

短榻
高尺許長四尺置之佛堂書齋可以習靜坐禪談元揮塵更便斜倚俗名彌勒榻

曲几
以怪樹天生屈曲若環若帶之半者為之橫生三足出自天然摩弄滑澤置

美術叢書 長物志 卷六 一八七 三集第九輯
美術叢書 一八八

明文震亨《长物志》内页所述之「榻」

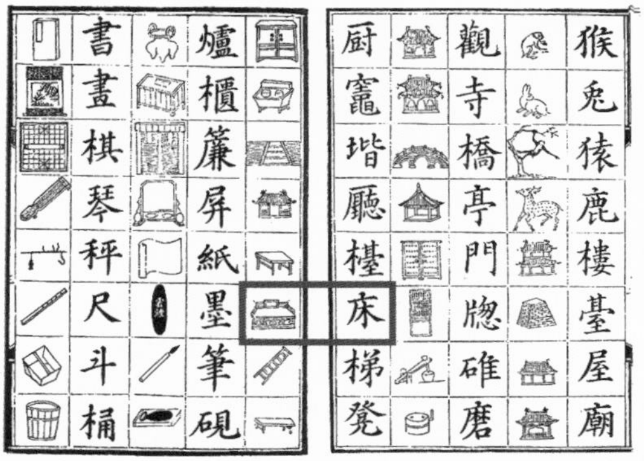

明正统元年版《新编对相四言》内页所述之「床」

远自汉、唐，就有案形结构的榻，在宋、元、明代绘画中，也常见案形榻的身影，明代《鲁班经匠家镜》版画插图也有一例[8]，但传世品中就十分罕见。这具黄花梨实例，座面自始即为木板硬屉，长167.3厘米，宽67.8厘米，介乎榻与长凳中的大小，但足以显示案形榻的造型。

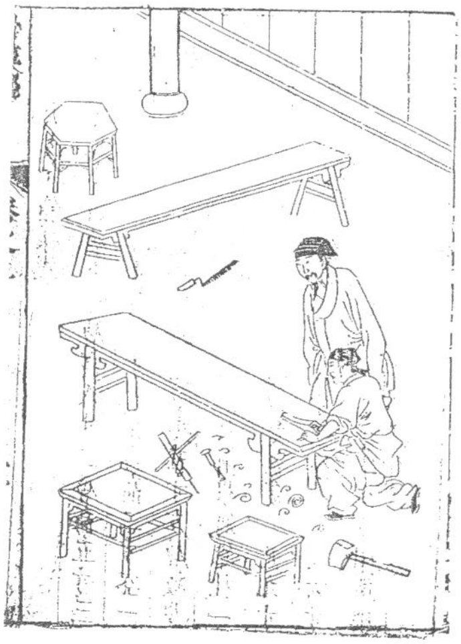

案形榻　明午荣编《鲁班经匠家镜》插图

黄花梨案形榻

长 167.3 厘米　宽 67.8 厘米　高 50.5 厘米

南非　开普敦　私人藏品

罗汉床

黄花梨独板围子罗汉床，全身光素，直牙条直腿足内翻马蹄，沿边起线，在榻上安装后背与扶手围子，现代称罗汉床。围子是活动式，可装可卸，这具2006年在故宫永寿宫展览的罗汉床正是简约设计的典范[9]。

黄花梨独板围子马蹄足罗汉床
长 203 厘米 宽 90.2 厘米 高 73.7 厘米
北京 私人藏品

此具罗汉床后背与扶手均装板，透雕以飞凤、雀鸟、连枝花卉，组配成高密度图案，美不胜收。牙条与腿足肩部，也都满满地铲雕出栩栩如生的卷云龙灵芝纹，谁说明式家具不能繁缛！以上侣明室藏例所展现的全身光素，正是简已简成无可简，而这在波士顿的例子，就繁偏繁到不能繁。

透雕扶手围子

[收藏故事]

当黄花梨透雕凤鸟花卉纹围子三弯腿罗汉床出现在纽约苏富比拍卖目录时[10]，大家议论纷纷，不能确认这美轮美奂，满布雕饰的罗汉床是明代作品。因对其断代有争议，出手投标的人就不太多，结果仅以77,000美元成交。叹！当年大家的知识多么浅薄！这罗汉床艳丽夺目，但绝不庸俗，是高格调的雕刻艺术品，怎是以炫耀繁琐累赘的雕刻技巧为目的、但整体神韵欠缺的清工可同日而语！也难怪，在拍卖时日的1988年4月，明式家具才刚刚因实例接二连三地出现而开始吸引专家、学者与收藏家的注意。这东西如再重现市场，必会创造天价。当年独具慧眼的幸运儿美国波士顿的约翰逊先生（Edward C Johnson Ⅲ） 派人拍卖得标，而此件罗汉床更自1996年借展于波士顿美术馆[11]，让大众得以欣赏。

黄花梨透雕围子三弯腿罗汉床
长 208.3 厘米 宽 104.1 厘米 高 81.3 厘米
美国 波士顿美术馆 借展品
录于 Nancy Berliner, *Beyond the Screen: Chinese Furniture of the 16th and 17th Centuries*, page 121.

以攒接法将短材组成图案的围子，是第三种罗汉床的基本结构。现例是万字纹（卐）式围子，有束腰，方材直足底部带足垫，通体打洼，一气呵成[12]。这万字式图案常见于明式家具中，应是当时家具时尚图案之一种。

黄花梨攒接万字纹围子直足罗汉床
长 206.5 厘米 宽 90.9 厘米 高 79.1 厘米
香港 私人藏品

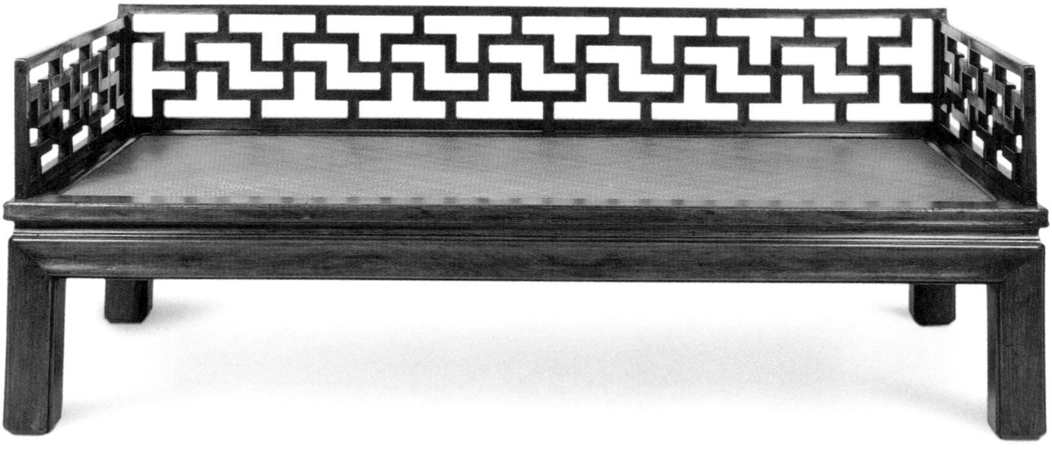

五屏风攒边装理石围子床，制于明末清初。造型古朴，围子上理石的山峦云纹予人飘逸之感，围子下端以修长壶门式亮脚衬托，更觉幽雅。

带原配正面及侧面围子并为珍贵硬木所制的罗汉床传世不多，至今发表或出版过的不超过十几例。该类作品如此稀少，是由于活动式正面与侧面围子可装可卸，易与床座分离。石材心板不及木材耐用，破裂后易毁灭，所以现例这具带有原配正、侧面大理石围子的罗汉床在传世品中更为罕见。

目前几乎所有已公开发表的大理石围子罗汉床个例皆属清代中晚期作品，并以紫檀、红木或其他木材制造为多。迄今没有如现例般属较早期的出版实例可资比较。

黄花梨五屏风攒边装理石围子罗汉床
长 198.5 厘米 宽 90 厘米 高 98.7 厘米
香港 私人藏品

黄花梨五屏风大理石围子罗汉床摄于河北大成县

此床是北京艺术家曾小俊经手卖出的，【嘉木堂】在2007年得之。曾氏是中国文房雅玩收藏家，亦收明式家具。上世纪80年代旅居美国，回京后涉足家具行业的营运，美国波士顿金融界大亨爱德华·约翰逊能建立庞大系列的中国家具收藏，与他有千丝万缕的关系。

五屏风镶大理石围子床，出自河北大成县刘姓行家。大成县上世纪90年代是古典家具的重点集散地，是京津地区家具网络供应链中重要一环，亦是上海、广东而至香港旧家具商北上时必然到访之地。在2000年前后，罗汉床被发现的消息已浮现市场。香港古董店东刘继森送来五屏风围子罗汉床照片，说准备北上大成验货定夺。刘氏工匠出身，师从父辈，青年创业经营古家具木器。1993年向【嘉木堂】自荐，其后十年合作无间。而当年与五屏风围子床失之交臂，原因何在？是动身北上太迟、宝贝跑向别家，或是二刘议价不合，现在已记不清楚了，只记得当时失望非常，只好把罗汉床照片存入【嘉木堂】资料库。

失而复得，多年后再能遇上是缘分。

理石围子 壶门亮脚

架子床

架子床有四柱与六柱甚至八柱之分。四柱床在传世品中比六柱床较少，而八柱床从实例看，似是清初的新创作品。床身上柱间设矮围子，立柱上承顶架，顶下周围安挂檐，就是架子床的基本式。

黄花梨品字纹围子四柱架子床，床顶架子下不设挂檐，使其简约空间结构造型特别清晰[13]。

侧面图

黄花梨四柱品字纹围子架子床

长 220.8 厘米 宽 138.4 厘米 高 197 厘米

香港 伍嘉恩女士藏品

透雕龙纹六柱架子床，制作精细繁缛，富丽堂皇。有说架子床是嫁妆重要部分之一，而这件前加州中国古典家具博物馆藏品[14]的秾华风格正与婚嫁的喜庆气氛相合。

兽面虎爪三弯腿

门围子

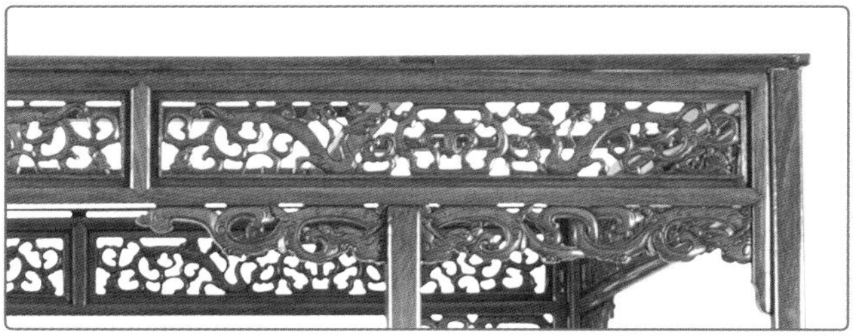

挂檐绦环板

竹节形矮老

螭龙卷草纹牙条

黄花梨六柱螭虎龙寿字纹围子架子床

长 226.1 厘米 宽 156.2 厘米 高 226 厘米

美国 前加州中国古典家具博物馆旧藏

架子床也有清雅秀气的，这像云朵又像灵芝围子的六柱架子床，就颇具清新感。

黄花梨六柱灵芝纹围子架子床

长 194.4 厘米 宽 111.5 厘米 高 198.5 厘米

香港 私人藏品

1988年，香港古董街荷李活道商店联斋古玩号东主吴继远先生来电，告知刚收到几扎黄花梨大床构件，欢迎我去检验。联斋是香港老字号，主要经营瓷器，第二代传人吴先生又将经营范围扩至高古艺术与字画，但却不曾听到他们经手家具。到达联斋后见到一扎修长纤细床柱，四根捆着的直脚马蹄足，以及另一叠扎着十多个如意头形、似云朵又似灵芝的卡子花，十分可爱。点齐配件，原来是一座六柱架子床，十分齐全，体积虽较一般六柱床小，但比例协调，是精致的江南造型与工艺，想来应是大宅内主人儿女的闺房之物……正在幻想着他所配搭的明代淑女的深闺陈设，吴先生却对我说知道大床在市场上需求不大，联斋店内更放不下床，他可平价相让。原来我刚才的沉默被误为犹豫，真是求之不得！

我创办的【嘉木堂】在香港市中心中环毕打行，其间建做了一个纯白色、有二十多尺高楼顶的大空间以陈列展示明式家具，放置这架子床当然不是问题，我只是惊讶能遇上眼前如此清丽文绮的闺女床，要知贵重黄花梨木架子床一般皆采用较秾华富丽的风格，图案设计繁缛，而这么多年以后，真的也再不曾见如此清秀的例子。

文武庙座落香港古董街荷李活道

又是一件雕饰华美架子床。所有架子床的制作，也是可装可卸。

连环图所展示的仅是明式家具精密榫卯制作皮毛的表现，如细细钻研他们内部的结构，则更令人惊叹佩服。

挂檐绦环板

黄花梨六柱攒斗四簇云龙纹围子架子床

长 218.5 厘米 宽 148.6 厘米 高 227 厘米

香港 私人藏品

黄花梨六柱架子床榫卯结合连环图

[注释]

1 这套珍贵出土木器家具，常展于上海博物馆。1996年借展于波士顿美术馆，载录于展览同步出版的目录。Nancy Berliner, *Beyond the Screen: Chinese Furniture of the 16th and 17th Centuries, Museum of Fine Arts, Boston*, Boston, 1996,p83.

2 Robert D. Jacobsen and Nicholas Grindley, *Classical Chinese Furniture in the Minneapolis Institute of Arts*, Minneapolis, 1999.

3 Christie's, *Important Chinese Furniture, Formerly The Museum of Classical Chinese Furniture Collection*（佳士得《中国古典家具博物馆馆藏珍品》），纽约，1996年9月19日，拍品号66，138-139页。

4 Grace Wu Bruce, *Ming Furniture: rare examples from the 16th and 17th centuries, London Exhibition*（《嘉木堂中国家具精萃展》），香港，1999年，34-36页。

5 明王圻、王思义《三才图会》（"器用十二卷十八"），明代绘图类书，明万历刻本，上海古籍出版社，1988年，中卷，1332页。

6 明文震亨《长物志》卷六"榻"条。黄宾虹、邓实编《美术丛书》第二册，1882页。江苏古籍出版社，1997。

7 明正统元年版《新编对相四言》页二至三。L. Carrington Goodrich，《新编对相四言》，香港大学出版社，1967年。

8 明午荣编《鲁班经匠家镜》卷二，页三十。Ruitenbeek, Klaas, *Carpentry and Building in Late Imperial China, A Study of the Fifteenth-Century Carpenter's Manual Lu Ban Jing*, Leiden, 1993, 图版II 65.

9 伍嘉恩《永恒的明式家具》，香港，2006年，124-125页。

10 Sotheby's, *Fine Chinese Decorative Works of Art*（苏富比《中国装饰工艺精品》），纽约，1988年4月7-8 日，拍品号490。

11 Nancy Berliner, *Beyond the Screen: Chinese Furniture of the 16th and 17th Centuries, Museum of Fine Arts, Boston*, Boston, 1996, p121.

12 精美万字纹围子罗汉床是【嘉木堂】2001-2002年展览展品之一，刊载于展览目录内：Grace Wu Bruce,*Chinese Classic Furniture: Selections from Hong Kong and London Gallery*（《中国古典家具香港伦敦精选》），香港，2001年，70-73页。

13 此床风格独特，笔者在1988年得之，其后由港岛南区迁居至香港半山区时选为自用，曾出版于家居书籍中。Sharon Leece & Michael Freeman, *China Style*, Singapore, 2002, p49.

14 王世襄编著、袁荃猷绘图《明式家具萃珍》，美国中华艺文基金会（Tenth Union International Inc），芝加哥·旧金山，1997年，112-113页。

明式家具经眼录

其他类

以下将传世品不多，不足自成一类分列的家具合并而成其他类：面盆架、衣架、灯台、火盆架、琴架及屏风。

各种案头家具，虽然传世品数量不少，但他们均属小品，所以也将其并合在其他类中。

面盆架

黄花梨六足折叠式矮面盆架，用圆材作腿足柱，顶端圆雕蹲狮，正面朝外，玲珑活泼。传世盆架柱顶一般刻莲纹，圆雕瑞兽甚罕见。六足中两足上下以横枨连接。其余四足则上下各安短材一段，一端开口打眼，用轴钉与嵌夹在上下二根横枨中间的木片穿铆在一起，以其为轴，四足因而可以折叠便于收存[1]。

蹲狮正面

蹲狮背面

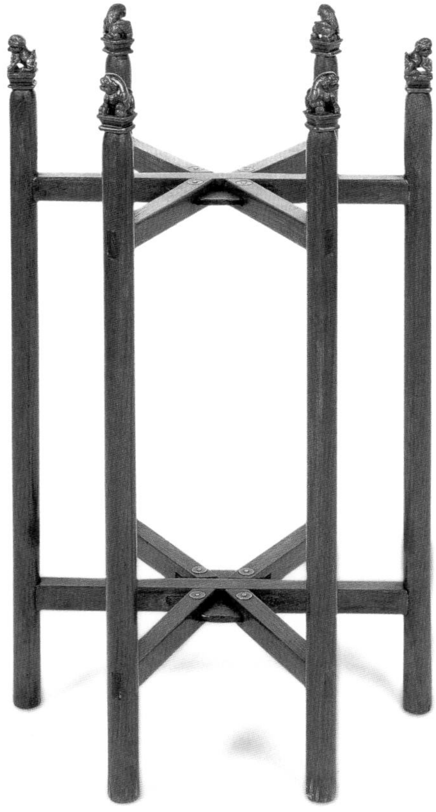

黄花梨六足折叠式矮面盆架
长 42.5 厘米 宽 38.1 厘米 高 70.6 厘米
上海 私人藏品

[收藏故事]

2011年春，恭王府，这座有着几百年历史的清代王府中最大的殿堂——嘉乐堂，迎来了“读往会心——侣明室收藏明式家具展”。（侣明室收藏，前文椅类交椅篇145页已有述及）。展厅展示的七十件套明式黄花梨木制家具，几乎囊括了中国古代家具中的所有种类。无论是大小桌案，经典造型如平头案，翘头案，炕桌和条桌；特殊功能如冬夏两用桌，异常结构如高束腰霸王枨翘头儿；稀少品种如香几、琴桌乃至成对的条桌，应有尽有。椅凳种类多又精彩，涵括四出头官帽椅、圈椅、玫瑰椅多种和各式各样的杌凳。柜格款式齐全，更有成对的和珍稀至极的冰绽纹透格门柜。特别品种如上页的六足折叠式矮面盆架、架子床，理石大座屏，全球真品屈指可数的罗汉床，都一应具全。展品数量之多，品质之高，令人叹为观止。

笔者出席“读往会心”展览开幕式，心情激动又复杂。激动的原因是侣明室藏品，几乎悉数来自【嘉木堂】，上次他们公开亮相，已是五年前在北京故宫博物院永寿宫的“永恒的明式家具”展览。与他们重逢就如与亲人，故人相遇，那种感觉，扣人心弦。复杂是因为这经过二十多年努力才集成的高级别明式家具收藏，即将被投入市场，在北京上拍。就譬如多年一起生活的一家人即将各走各路，各散东西。

2011年5月21日晚上8时，中国嘉德国际拍卖有限公司在北京国际饭店会议中心南厅，举办“读往会心——侣明室藏明式家具”[2] 专场拍卖。南厅面积庞大，当晚不只座无虚席，两旁走廊与椅座后方都站满人，水泄不通。经过多轮激烈竞拍，七十件套家具百分之百沽罄，几乎全部以高于估价数倍成交，总成交价人民币2亿4700.6万元。成功得标者来自五湖四海，包括山东、山西、浙江、江苏、福建、上海、广东、台湾和香港等，当然还有主场的北京。一夜之间，比利时侣明室收藏的明式家具各散东西，被新一代关注明式家具的人接收。（“读往会心”拍卖在下文市场价值篇299-304页有述）

「读往会心」拍卖图录封面

恭王府展览设计图

此具“灯笼”形矮面盆架结构与上例相同，也是圆材六足，能折叠，但腿足不用直柱，而是每根上下端外翘，中部向外大弯，使六足开启后成造型优美的灯笼形，与上例观感大异[3]。通体光素，质朴无华，意趣古雅。

黄花梨六足折叠式矮面盆架

长 42.5 厘米 宽 36.3 厘米 高 69.4 厘米

美国 明尼阿波利斯艺术博物馆

黄花梨六足高面盆架，前四足与雕蹲狮矮面盆架的足相似，但顶端不雕狮子而雕莲苞莲叶，不能折叠。上下两轮形组合为三根直材于中段剔凿燕尾榫相互交搭拍拢，端末出榫接入六腿足上的卯眼。后两足则向上伸展，加设中牌子及其下亮脚，搭脑和挂牙。中牌子与挂牙作透雕螭纹，搭脑两端圆雕龙头相望。

莲苞莲叶顶端

黄花梨螭纹六足高面盆架

长 44 厘米 宽 38.2 厘米 高 168.5 厘米

美国 芝加哥 私人藏品

黄花梨灵芝卷草花叶纹六足高面盆架，是雕饰工艺水平极高的一件。搭脑两端出头上翘并圆雕灵芝，搭脑下两旁透雕卷草纹挂牙，透雕花叶纹中牌子，腰枨以下的两端下垂透雕亮脚，均造型极美，雕工细腻。四根前腿足顶端雕莲纹[4]。

虽然面盆架只为一般日常用品，但这几个例子均造工精巧，雕饰细致。再看下文的优秀衣架、灯台等造型之美，制作水平之高，颇能令人体会晚明时代士官商贾的生活风格是何等精致。

黄花梨灵芝卷草花叶纹六足高面盆架
长 55 厘米 宽 48 厘米 高 178 厘米
美国 前加州中国古典家具博物馆旧藏

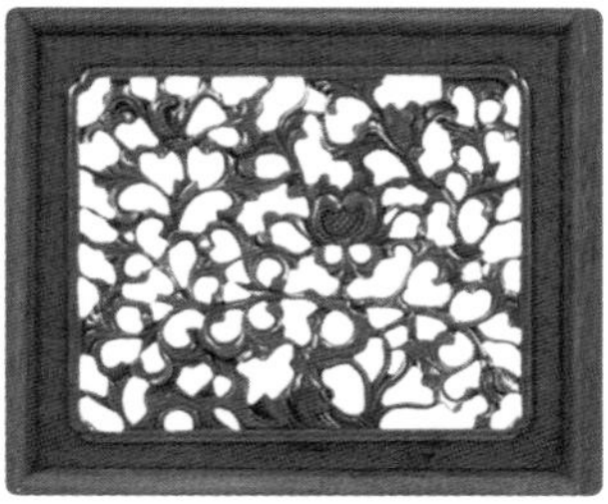

花叶纹中牌子

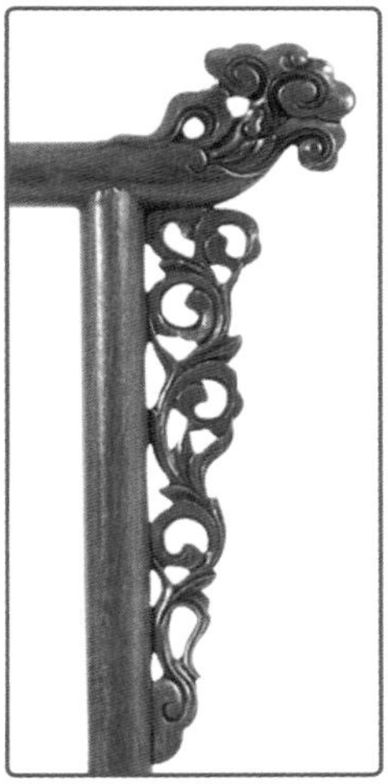

灵芝搭脑、卷草纹挂牙

衣架上搭衣服
《醒世恒言》插图 明天启丁卯七年（1627年）刻本

衣架上搭衣服
《仙媛纪事》插图 明万历刻本

衣架系以帐子作屏风
《苏门啸》插图 明崇祯壬午十五年（1642年）刻本

查究明代书籍版画插图，见衣架放置处多为内室，架子床旁靠墙的一边，而衣衫就搭于其上，而不是挂起，故衣架一律无挂钩装置[5]。亦见其上系以丝绸帐子，使整幢起屏风的作用[6]。黄花梨木制明代衣架，可能是明式家具传世品中最稀少的一类，实例屈指可数。

棂格中牌子黄花梨衣架，尺寸不大，长141.5厘米，高162厘米，深33.5厘米，骤看不大起眼，细味就能领悟到匠师的意匠经营。高盆架搭脑翘头两端颇常见的灵芝纹，在这衣架上有不同手法的演绎，别具风韵。中牌子由仰俯山字变化的棂格组成，下部两根横枨中嵌开孔的绦环板，上虚下实，比重恰到好处。中牌子以下牙子又用同样是别类的灵芝纹牙头，与搭脑翘头相呼应。而两个墩子上立柱旁的站牙，用灵芝蟠错成纹，设计妙绝，前所未见，甚具创意。

叶承耀医生摄于1994年香港亚洲艺术博览会内【嘉木堂】展厅

这件高格调的黄花梨衣架，笔者得自1987年。因为衣架属明式家具传世品中最稀少的种类，当时没有打算从速卖出，直至三年后才出让给香港收藏家叶承耀医生，成全他追求较有代表性一系统明式家具结集出版收藏专册的意愿[7]。2002年叶医生整理藏品，将部分明式家具在纽约佳士得上拍[8]，包括现例衣架，被笔者成功竞得。叶氏虽然已拥有另一具雕工十分精美的黄花梨衣架（见下例），但对此件还是念念不忘，于是又从笔者手中购回。一买一卖，一卖一买，再卖再买，竟然是同样两个人的来回交易！可见灵芝棂格黄花梨衣架如何扣人心弦。

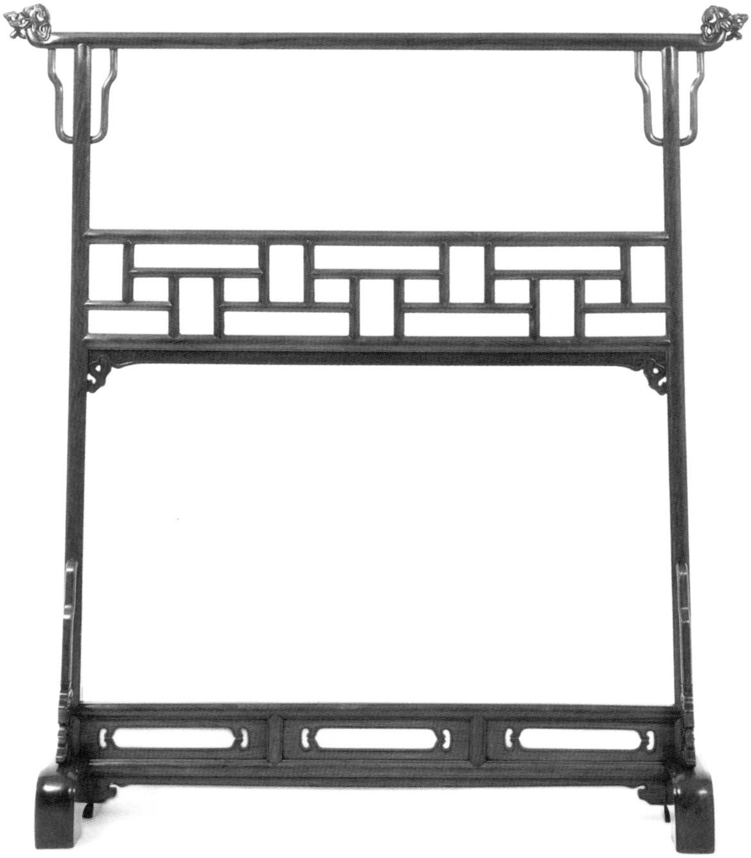

黄花梨棂格中牌子衣架
长141.5厘米 宽33.5厘米 高162厘米
香港 攻玉山房

蟠灵芝站牙
两个墩子上立柱旁的站牙，用灵芝蟠错成纹，设计妙绝，前所未见，甚具创意

圆雕大龙头

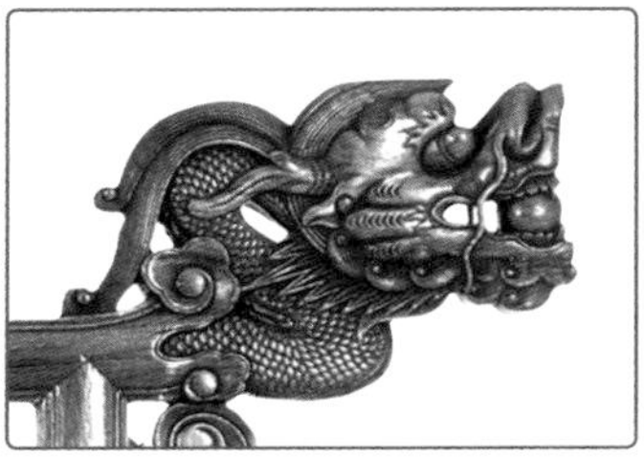

墩子翻出圆球细部

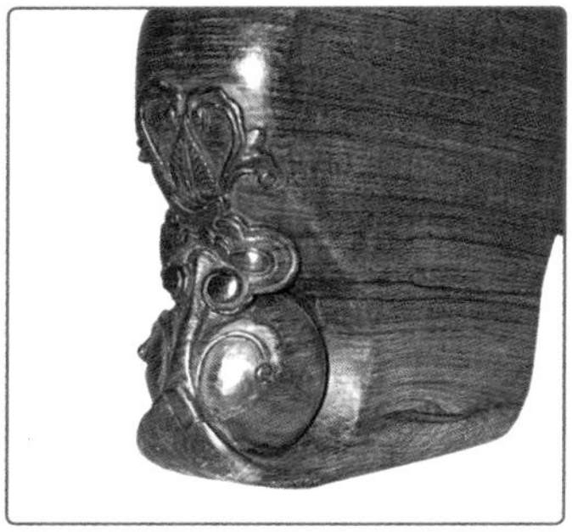

此大衣架制作精美绝伦，搭脑两端出头圆雕立体张口含珠大龙头。中牌子以两面做四簇灵芝纹透雕花心菱形与半个菱形，用微弯刻茎柄状短材攒接组成，两侧立材上下出头，做成精致的莲花顶端与末端。而横材与立柱相交的部位，都安精工透雕灵芝纹挂牙和角牙，造型非常优美。两块厚横木造的墩子，两端翻出圆球，隐约与搭脑翘头龙头口中珠相呼应。此具设计精巧，雕饰华美的黄花梨衣架，可被视为一件雕塑[9]。

黄花梨灵芝纹中牌子衣架

长 186 厘米 宽 52.5 厘米 高 185 厘米

香港 攻玉山房

灯台

灯台泛指置放在地上承载燃蜡烛的家具，因燃烛照明，亦名烛台。

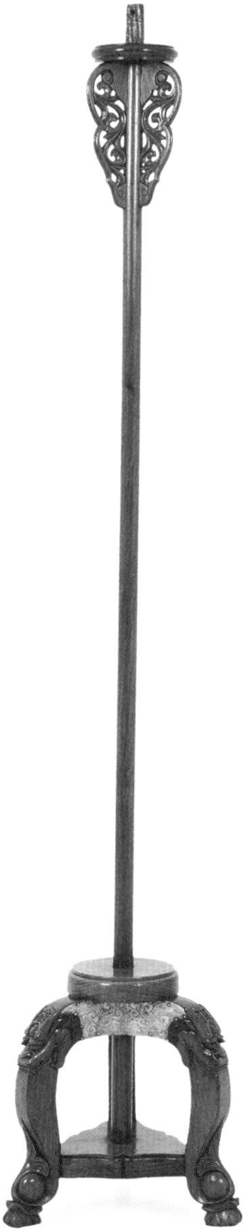

黄花梨三足固定式灯台
长33厘米 高162厘米
美国 前加州中国古典家具博物馆旧藏

黄花梨三足固定式灯台，灯杆顶部起线圆盘上有出头装置备放蜡烛，实况可参照《绿窗女史》“春睡”一回插图[10]及《东西晋演义》“小吏私通贾南风”插图[11]，但二图中烛台腿足部均用材细且弯度急，似为金属制品，非铁则铜，而不是木制。迄今暂未能找到相关木制灯台的明代描绘。圆盘下安三块透雕卷草纹挂牙，灯杆下展穿入三腿足上圆形板片的圆孔，直贯足间底部三角形木片上的臼窝。腿足三弯形，肩雕大龙头张口含腿足，下部翻卷成花叶，缠裹着圆球。足底镂出荷叶俯莲，以花面着地。腿足上端连结着大龙头间的部位，嵌镶刻海水波浪纹铜饰件，造工精美华丽。

黄花梨三足灯台极罕见，此具由【嘉木堂】在1988年出让给加州中国古典家具博物馆[12]，至今还是公开发表明式家具的传世孤例。

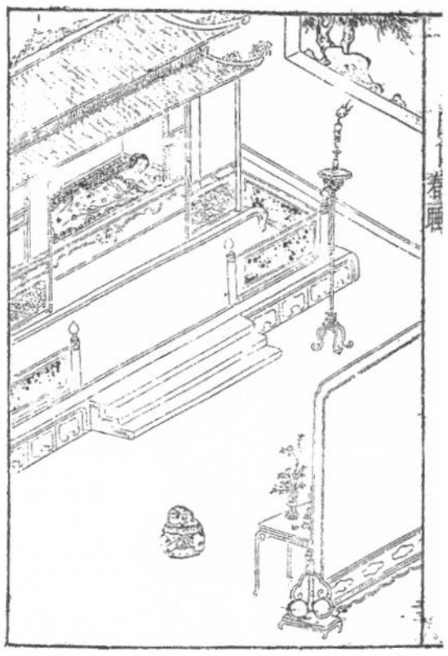

三足灯台 《绿窗女史》插图「春睡」 明崇祯刻本

三足灯台 《新镌出像东西晋演义》插图「小吏私通贾南风」 明启、祯间刻本

［收藏故事］

三足座

1996年9月19日，纽约佳士得总部大楼内坐满了来自美国各地、欧洲、亚洲的中国古董艺术业界、博物馆人员及藏家，参加正在进行中的中国家具专场拍卖[13]。107件套拍品，是前加州中国古典家具博物馆的收藏。拍卖界在此前从未曾尝试在一场之内提供如此大量的一组中国家具拍品，而明式家具专场拍卖，更是西方史无前例的第一次。

加州古典家具博物馆，自1988年始，积极追求明式家具。投入大量人力物力，成功求得一组有系统，有代表性的明式家具收藏。其中不乏精品，部分更是在二十余年后的今天，也还未有能超越他们的例子。此具黄花梨三足灯台，就是当日纽约拍品107件套中之一。本书更有其他优秀个例12例，亦属加州古典家具博物馆旧藏。（加州收藏，前文已有述及见香几类20-21页）

是次拍卖，佳士得以精装目录广寄全球客户，包括从未涉足中国艺术的其他领域收藏家、富豪买家。又聘请室内设计师以明式家具铺陈现代生活空间，在国际时尚家居杂志大做文章，推介明式家具专场拍卖。结果，拍卖会当日座无虚席，取得空前成功。107件套以1120余万美元沽罄，几乎全数拍品皆以高于估价数倍成交，创下当时十年内中国艺术品单场拍卖的最高纪录。是次拍卖不但全球艺术传媒大篇幅报导[14]，连纽约时报（New York Times）、英国的金融时报（Financial Times）、亚洲华尔街日报（The Asian Wall Street Journal）等大众读物亦广泛刊发，将世人对明式家具的认知推上新高。

同年10月，中国上海博物馆新馆落成，举行盛大宴会庆祝。上博收藏丰富，新馆建设得到上海市政府鼎力支持；增添各类艺术品收藏与建造陈列专室，又得到海外华人大力赞助，故新馆以新世纪国际水平设备展示精湛收藏而面世。是日官商巨贾、文物界专家学者、海内外藏家济济一堂。甫至馆中第四层，赫然出现一列当时全国博物馆前所未见的古典家具专室，独据一方，内藏明式家具70余件套。这70余件套明式家具，为文博大家王世襄先生的旧藏，是王先生四十余年“调查采访传统家具，遍及收藏名家，城乡住宅、古董店肆、晓市冷摊”[15]积聚而得的重点明式家具收藏，曾被全部载录于王先生大作《明式家具珍赏》[16]之中。

香港庄贵仑先生，热心协助上海博物馆新馆建设大业，在1993年筹划以捐献文物开辟展馆之方式报效。在机缘巧合下得到王世襄先生割爱的全部明式家具收藏70余件套。1996年庄氏悉数捐赠上博，在新馆家具厅内展出。上博首创在中国博物馆辟专室陈列古典家具，成全了王先生割爱寄望，以其藏品“教育广大人民对优美精湛，卓越无俦，在世界工艺史上占有崇高地位之我国家具艺术有更多认识”[17]。

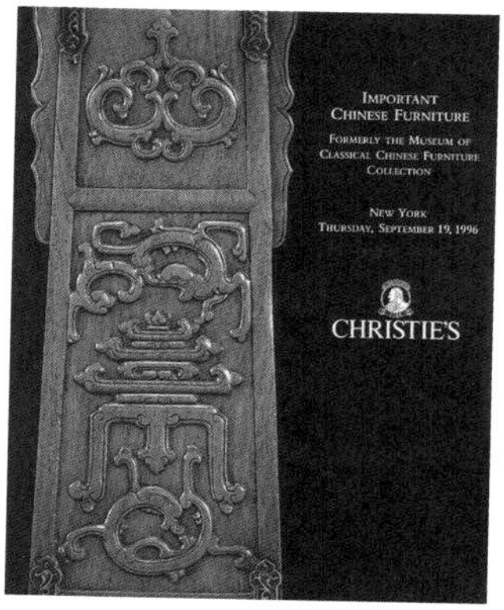

1996 年纽约佳士得中国古典家具博物馆馆藏珍品专拍图录封面

上海博物馆明式家具专室，1996 年

黄花梨升降式灯台成对[18]。灯杆上端蜡烛承盘下安透雕螭龙纹挂牙四块。灯台底座左右墩木，墩木上立柱两旁的站牙，墩木间斜装的披水牙子，均镂刻卷云纹。站牙上更有形状如太阳的圆球。立柱间两道横枨中嵌装的透雕绦环板，形状也像卷转浮云。灯杆下安横木，成倒T字形，横木两端纳入两根立柱内侧的长槽中，故灯杆可上提升高或下按使其降下。横木两端安活动铜插销，拴插销入长槽内在不同高度打凿的孔洞，便能随意固定蜡烛照明的高度。

《金瓶梅》“丽春院惊走王三官”一回插图中，便有一具类似的升降式灯台[19]。

黄花梨升降式灯台成对
长 21.9 厘米 宽 27.8 厘米 高 122 厘米
香港 攻玉山房

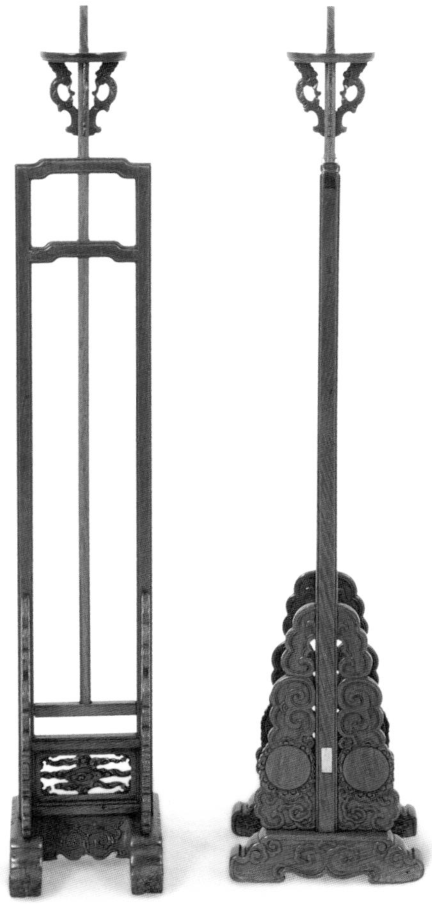

升降式灯台
明崇祯刻本《金瓶梅词话》插图「丽春院惊走王三官」

火盆架

火盆架为古代中国家居中必备家具之一，严寒时室内用以烧炭取暖，木刻版画与绘画中皆多见其例[20]。唯独黄花梨木制传世品异常稀少。火盆架既为日常用品，而使用时又近火源易被炭火烧灼，理当用一般柴木制作，珍贵木材如黄花梨的实例不多也就不足为奇。

矮火盆架 《南宋志传》插图 明万历间（约1618年）刻本

高火盆架 《绣襦记》插图 明万历刻本

现例仿如一件小炕几，边框标准格角攒边造，有束腰，矮马蹄足，牙子锼出起线壶门式轮廓，形状优美。不同之处只是边框留空当不装板，承架铜炭盆。

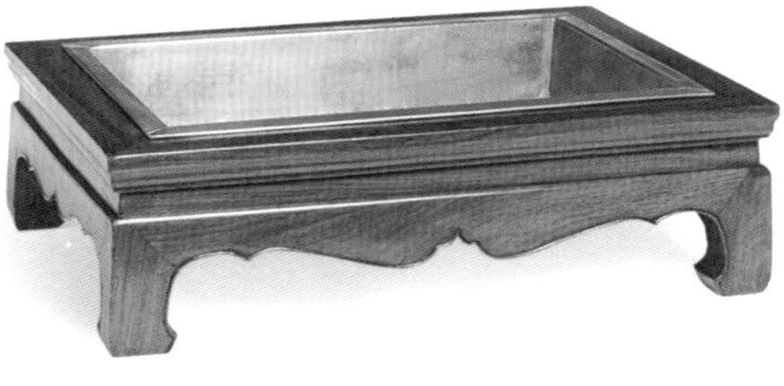

黄花梨长方矮火盆架
长 55.5 厘米 宽 37.8 厘米 高 16 厘米
香港 私人藏品

黄花梨圆高火盆架，圆形架面用楔钉榫五接而成，每根弯材上安一枚高起的铜泡钉，支垫铜炭盆边，使其不与架面直接接触。五腿足内安井字枨加固。架面与中部弯枨上下二圆环下安两卷双抵角牙，取得装饰效果[21]。

黄花梨圆高火盆架
直径 48 厘米 高 61.9 厘米
香港 攻玉山房

琴架

乐器承架可见于明朝话本与戏曲插图及绘画中。万历版《征播奏捷传》图中一具用以承托七弦琴，设计与黄花梨现例颇相似[22]。

黄花梨琴架为折叠式结构，由两组相同构件结合组成。搭脑两端出头成圆钮形并顺势刻有一弧线以强调其转折。腿足两端以榫卯纳入搭脑与足下横材，交接处镶嵌如意头黄铜饰件。足间上下部各有一横枨。两组构件以金属轴钉贯穿腿足中部相互衔接，出卯处垫有黄铜圆形护眼钱。上层横枨装有铜片与环圈，可挂拆卸式的带钩金属细杆，用以平衡维持琴架高度。

黄花梨琴架传世实例不多，笔者只知其他一件，与现例如出一辙，曾在台北历史博物馆展览“风华再现：明清家具收藏”中展出，是香港叶承耀医生藏品[23]。

琴架 《征播奏捷传》插图
明万历癸卯三十一年（1603年）重刊本

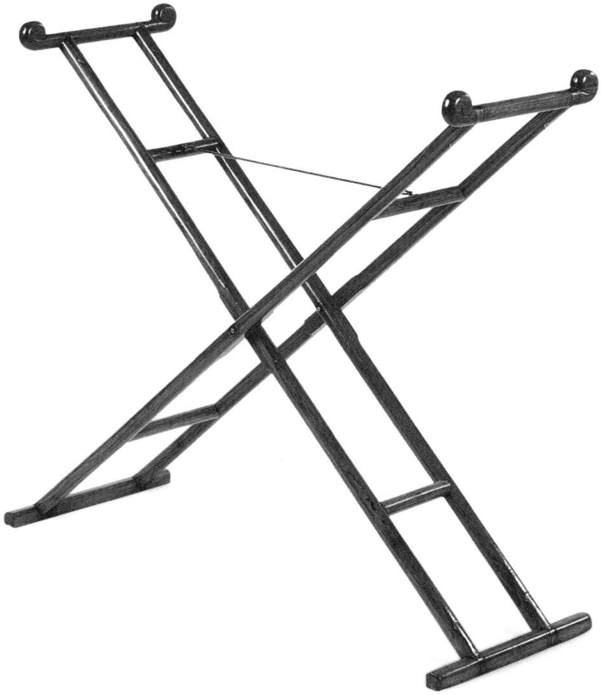

黄花梨折叠式琴架
长90厘米 宽32.5厘米 高81厘米
香港 私人藏品

明代宫廷官府而至大宅厅堂，每以屏风为室中主要陈设，有大型座地屏风，又有折叠式画屏等，常见于绘画与书籍版画插图中，但硬木制屏风，无论是座屏或折叠式围屏都不常见，传世实例几乎全部属清初或再晚期的作品。

紫檀插屏式座屏，屏的底座用两块厚木雕抱鼓刻卷草垂云纹作墩子，上树立柱，顶端刻仰俯莲纹。立柱两旁以透雕螭纹站牙抵夹。两立柱间施横枨三道，短柱中分第一二道，装透雕螭纹绦环板共三块，螭龙吻大张。枨下安八字形的披水牙子，也是透雕张吻螭纹。屏风插屏以边抹成框，起线，浮雕螭纹。

紫檀螭纹插屏式座屏
长 65 厘米 宽 36.5 厘米 高 110.2 厘米
香港 业界

黄花梨十二扇围屏，每扇长54厘米，宽2.7厘米，高305厘米。十二扇直排总长648厘米，体积庞大[24]。围屏中部十扇，每扇两根立材与五根横枨组成框架镶入花板。每扇可分为三部分，上为透雕福寿字及螭纹绦环板。中部为屏心，可嵌装书画屏条。下部分三段：上为绦环板，透雕缠枝莲纹；中为裙板，透雕寿字及螭纹；下为亮脚，浮雕螭纹。左右尽端两扇

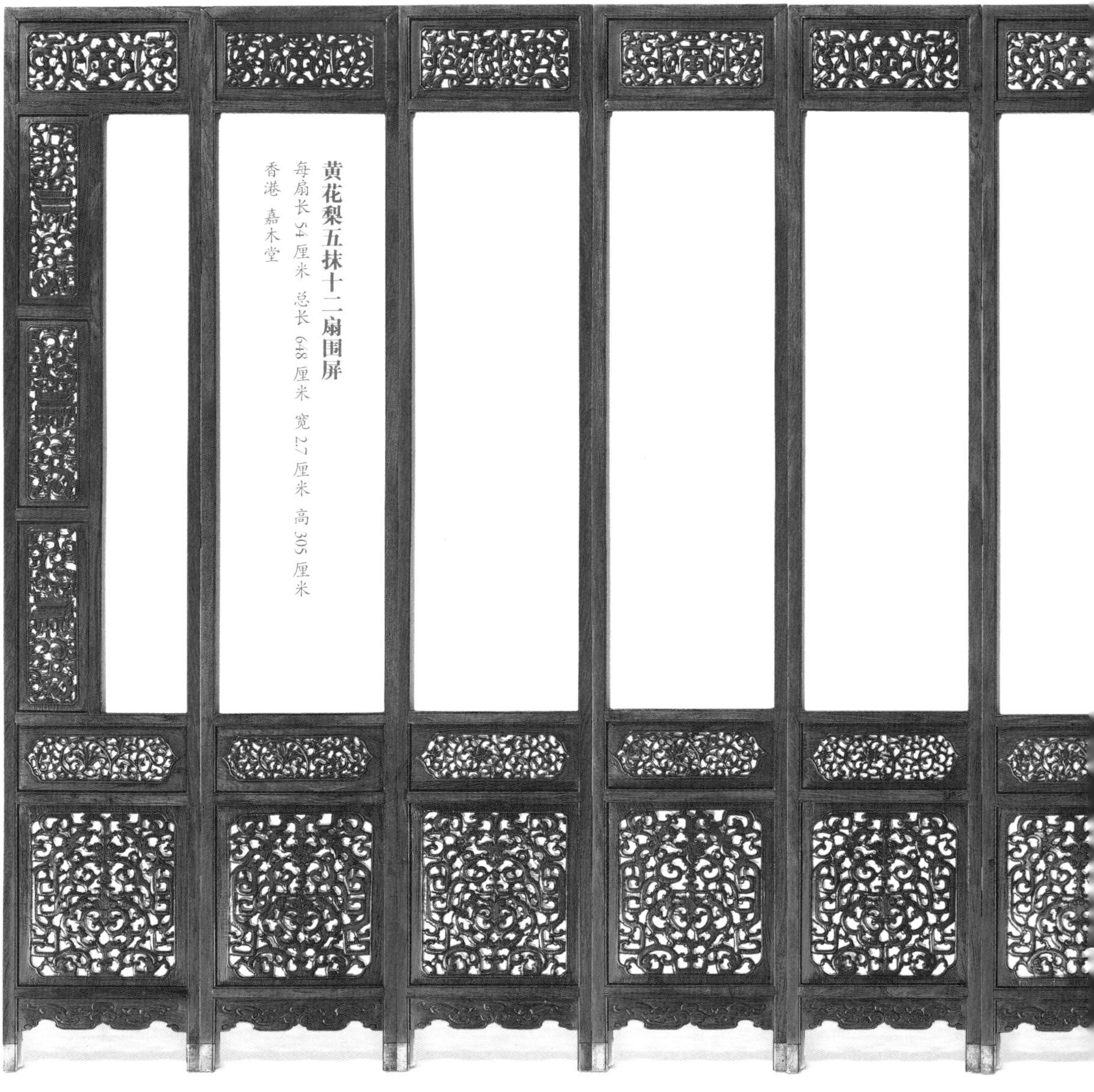

黄花梨五抹十二扇围屏
每扇长 54 厘米 总长 648 厘米 宽 2.7 厘米 高 305 厘米
香港 嘉木堂

上下与其余十扇相同，只是增加立柱将屏心一分为二，内半部留空，外侧则栽入横枨两根，镶绦环板三块，透雕方鼎及螭纹。

这套十二扇围屏，是清代作品，迄今笔者未见硬木造明代围屏完整的实例。

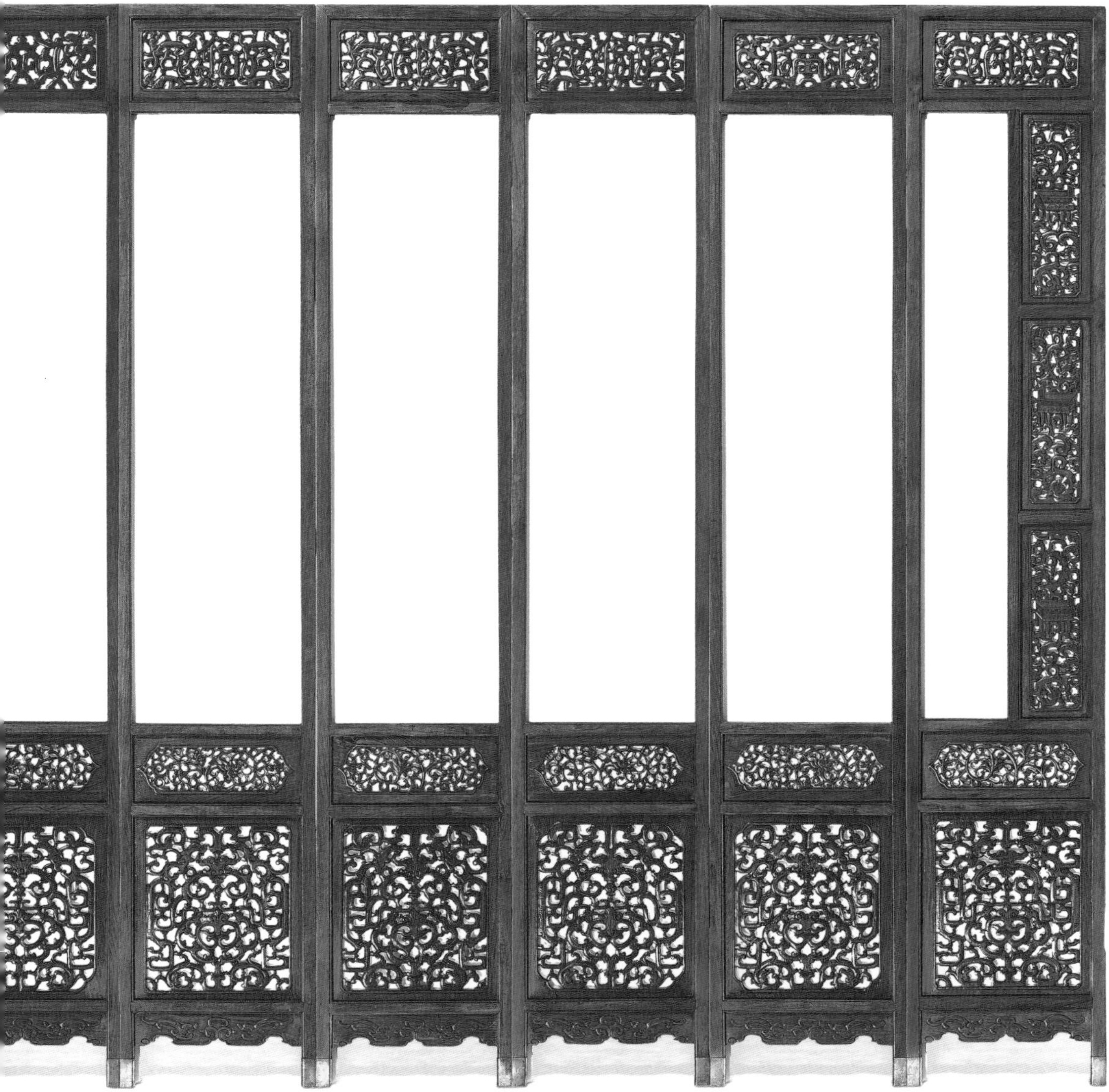

案头家具

以下介绍各种放置在桌案上使用的小件木作家具，他们的结构有些是大家具的缩影，有些则是独立设计。虽是小型家具，用料均选珍贵木材如黄花梨及紫檀木造，制作更是一丝不苟，与明式大家具无异。

黄花梨插屏式案屏，除了体积较小，适合放置于桌案上以外，与大型座屏的构造没有两样。两个墩子上树立柱，中嵌绦环板，透雕斗簇C字图纹，站牙与斜安的披水牙子上也锼刻C字纹装饰。屏心嵌镶彩纹石，纹理散发着抽象的意景。

黄花梨插屏式案屏
长 53.8 厘米 宽 30.8 厘米 高 73.5 厘米
台北 陈启德先生藏品

明代绘画及版刻插图中常见的大座屏，更多是屏心与底座相连，而不是可装可卸的插屏式。这具抱鼓墩子心镶大理石的连座案屏，就正如大座屏的缩影。在《金瓶梅》“薛媒婆说娶孟三儿”一回的插图中[25]，可见一件与之十分相似的大理石案屏。

案屏
《金瓶梅词话》插图「薛媒婆说娶孟三儿」明崇祯刻本

黄花梨镶大理石案屏
长 56.3 厘米 宽 32.7 厘米 高 62 厘米
香港 攻玉山房

黄花梨镶大理石砚屏
长24.7厘米 宽12.5厘米 高23.7厘米
香港 攻玉山房

案屏再缩小至现例的24.7厘米长，12.5厘米宽，23.7厘米高，就成了文士案上陈放的砚屏，为墨与砚遮风。

大小箱子 《忠义水浒传》插图「梁山泊分金大买市」
明万历刻本

黄花梨小箱子
长38.1厘米 宽22.4厘米 高15.4厘米
北京 私人藏品

黄花梨小箱子，材美工良，立墙四角用铜页包裹，正面圆面页，拍子云头形，铜活平镶，更觉简洁平整。结构与大家具衣箱一致。（见箱橱柜格类184页黄花梨衣箱）《水浒传》“梁山泊分金大买市”一回插图[26]，描绘各路英雄拆伙分金时的情景中，可见多件大小箱子。

同是小箱，但采用方铜面页，方形手提环，观感与上例就不一样。加上铜页全用厚片，更觉小箱子厚重。厚片铜活亦能起较强的加固作用，以承载重物。

明代万历出版书籍《三才图会》中的画匣[27]，模样与上两例没有多大分别，只是更长及更深，适合放画轴。【嘉木堂】历年展览亦曾展出黄花梨实例[28]。

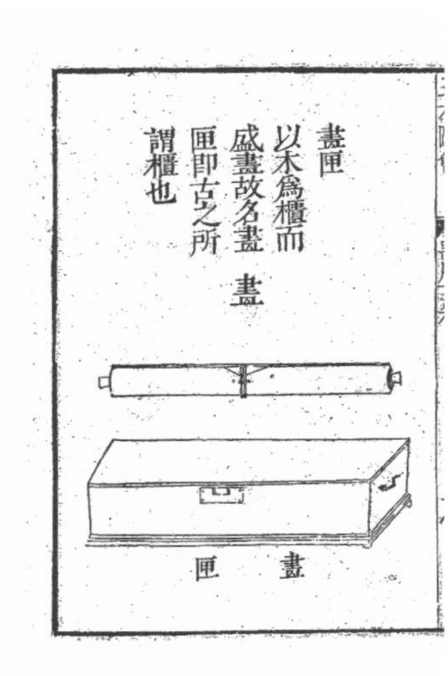

画匣　明王圻、王思义编《三才图会》插图

黄花梨小箱子
长40厘米　宽22.2厘米　高14.9厘米
香港　嘉木堂

紫檀官皮箱，平顶，盖下有平屉。两扇门上缘留子口，用以扣住顶盖。顶盖关好后，两门就不能开启。门后设抽屉。底座锼出壶门式轮廓，刻卷草叶纹。

官皮箱传世实物颇多，形制尺寸差别不大，应是平常人家常备之物，而不是衙门官府的专门用具，“官皮箱”之名的由来尚待考证。这种比较标准化的箱具，用途是存放各样物品，在画案、妆台上均适用。实例中亦有顶盖下平屉内安装可支起或放平的活轴镜架，供梳妆专用的官皮箱[29]。

《西厢记》“妆台窥简”一回各版本插图中皆见官皮箱[30]。

官皮箱 《西厢记》插图「玉台窥简」 明万历刻本

官皮箱 《西厢记》插图「妆台窥简」 明万历刻本

紫檀官皮箱
长40厘米 宽32.5厘米 高35.5厘米
香港 私人藏品

此具箱盖作盝顶式，与前例不同。对开两门上亦嵌镶影木心板，添增装饰性[31]。

此箱非常特别，两扇门高浮雕深邃富层次感的人物景象，十分罕见。莲花纹底座，鎏金刻花铜活，都不寻常。浅黄色的黄花梨木，也不多见[32]。

黄花梨影木盝顶官皮箱
长 38.7 厘米 宽 29.7 厘米 高 40.8 厘米
上海 业界

黄花梨雕人物鎏金铜件官皮箱
长 39.1 厘米 宽 32.1 厘米 高 37 厘米
香港 攻玉山房

箱具中无顶盖及平屉，正面两开门或插门，内列多层抽屉的形式，被近人称为“药箱”。其实此类箱子适宜储存多种物品。现举两扇开门式一例。

以上述及黄花梨小箱、官皮箱、药箱的铜活，不管是什么形状，什么材料，都是小家具的核心构件。没有合页，箱门、盖子与箱身连接不上；缺了拉手吊牌，就拉不动抽屉。铜活制作镶嵌工艺精巧，设计与整件小家具配合相宜，不时更起到画龙点睛之作用。正因铜活是小家具实用且关键构件，经年累月的使用极易令部分受到磨损后失落，这现象在大型家具的柜类更为普遍。潮湿环境导致铜活腐朽，也是柜子面页及合页等脱落原因之一。上世纪在家具不被重视的年代，后人以卡铁丝、打铜钉的劣陋手法修补，破坏了家具面相。

要让明式家具铜活的制作与复修，能达到古代匠师水平，从而使明式家具得以回复原来真身面貌，这是二十年前实例在市场出现时的当务之急。

黄花梨药箱
长 36.8 厘米 宽 26.6 厘米 高 36 厘米
香港 嘉木堂

白铜面页、锁钮、吊牌

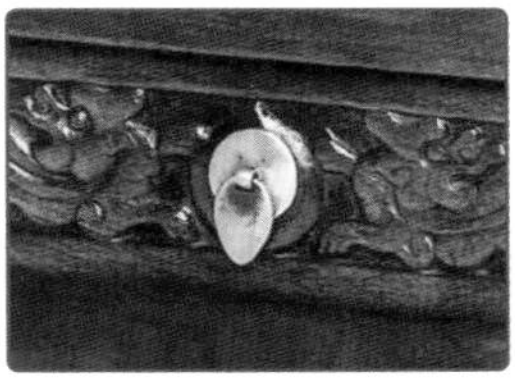

白铜拉手吊牌

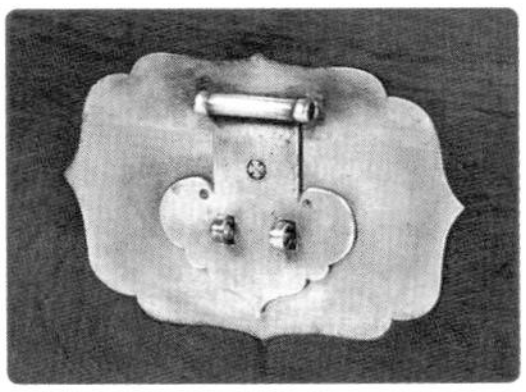

白铜面页、拍子、锁鼻

香港古董街荷里活道近中环端有家澳洲人伊恩·麦克莱恩（Ian Maclean）主持的古董兼家居用品店，1970年底由冯英满接手经营。冯氏扩充其工场组织，培育手作家具工匠，专门修复经营中国传统地域家具。上世纪80年代，大陆对外开放政策的落实令中港货物流通量暴增，这也是香港明式家具业发展起来的原因之一。其时商机蓬勃，全球古董商来港买货，令家具维修工作需求大增。冯氏工场领班陈德仁就在此环境下，与工场木匠师兄弟一起自立门户。

陈氏是金银首饰件制作师傅，有十多年丰富经验，对研究明式家具铜活复修，自然胜人一筹。而他在取材方面更一丝不苟，初期只用古董白铜器具为原料，将其熔后冶炼打造，直至研钻出与原件合金相约成分的铜料。无论是一件小铜拉手，还是一块脱落的铜页面，从以原有铜活形象模铸配件开始，要经多道复杂程序，温度控制也有相当的技术要求，而铜活成形后更要精细打磨至圆熟，才算是复制完成。若小拉手是白铜嵌以黄及红铜图案，那工序就又不知要添加多少道，其技艺更是只有能工巧匠才可把握。这些过程费尽修复者心思，需极高工艺，耗时耗力工序繁复，所以成本之高可想而知。然而只有经过这个精工细作的过程，才算是完美修复明式家具铜活，也才能使明式家具以本来面貌呈现于世人。【嘉木堂】与陈氏合作几十年不间，用心用力也是为让明式家具回复昔日的风采。

在妆台上承放镜子的用具有镜架及镜台。镜台又有折叠式、五屏风式与宝座式，现各举一例。

黄花梨镜架，可支起承镜，不用时放平。造型简单，只在搭脑两端略施雕饰，及正中方格上下镂出弧弯状。《金瓶梅》插图内有类似镜架[33]。

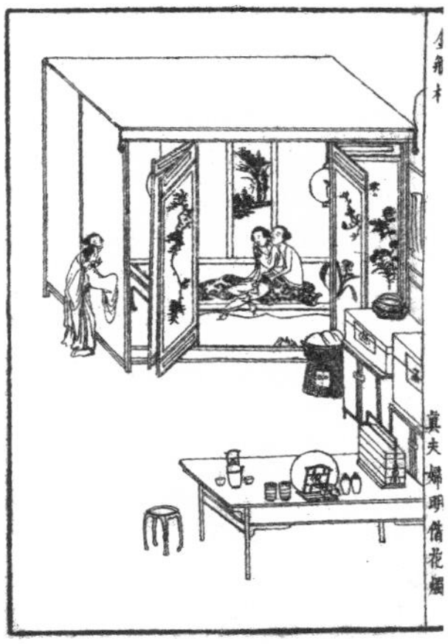

镜架 《金瓶梅词话》插图 明崇祯刻本

黄花梨镜架

长46.3厘米 宽45.7厘米 高40厘米

香港 嘉木堂

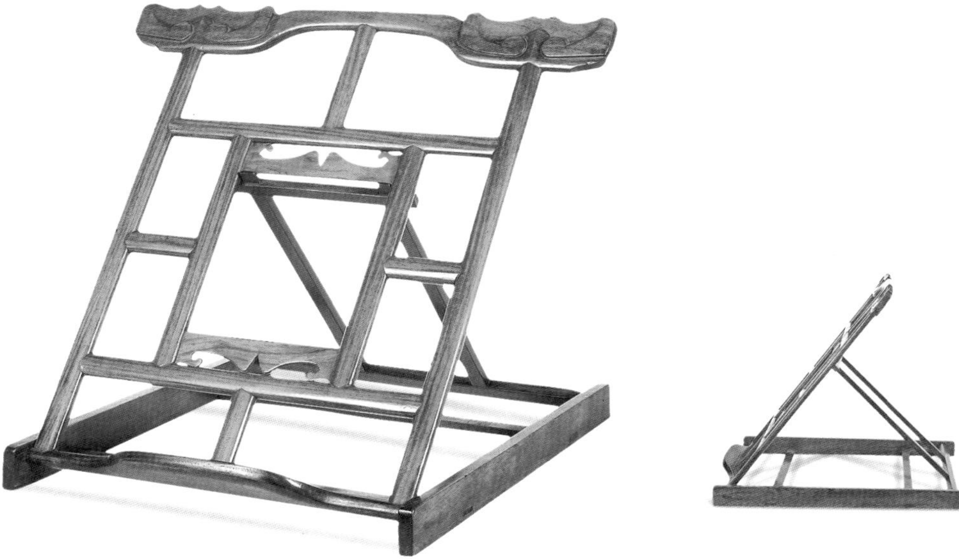

黄花梨折叠式镜台，是由镜架发展而来的家具。架下增添了台座，两开门及内设抽屉。镜架框内三边嵌装透雕花纹的绦环板，正中方格安角牙，下层设荷叶式托子，可上下移动。《牡丹亭》插图中有一具与之颇相似的折叠式镜台[34]。

折叠式镜台 《牡丹亭还魂记》插图 明天启刻本

黄花梨折叠式镜台
长33厘米 宽33厘米 高18.5厘米
江阴 私人藏品

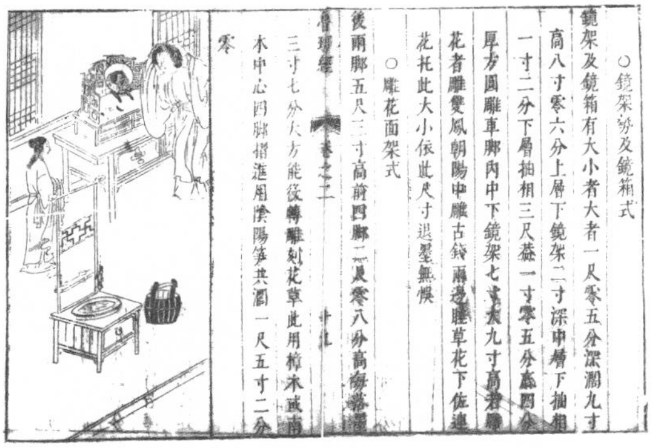
〇鏡架勢及鏡箱式
鏡架及鏡箱有大小者大者一尺零五分深濶九寸
高八寸零六分上層下鏡架二寸深中層下抽相
一寸二分下層抽相三尺蓋一寸零五分底四分
厚方圓雕車脚內中下鏡架七寸大九寸高若雕
花者雕雙鳳朝陽中雕古錢兩邊睡草花下佐連
花托此大小依此尺寸退墨無悞
〇雕花面架式
後兩脚五尺三寸高前四脚二尺零八分高每落墨
魯班經　卷之二　十九
三寸七分大方能從轉雕刻花草此用樟木或南
木中心四脚摺進用陰陽笋共濶一尺五寸二分
零

屏风式镜台　明午荣编《鲁班经匠家镜》插图

五屏风式镜台，搭脑圆雕龙头，屏心嵌装透雕花鸟纹绦环板。镜台设抽屉五具，抽屉脸浮雕花纹。下座腿足翻出小马蹄，足间壶门式牙子雕螭纹。台面正中原有的托子，是为支架铜镜而设，现已失落。此类屏风式镜台，传世实例颇多，在明万历版的《鲁班经匠家镜》插图就可见一例[35]。

黄花梨五屏风式镜台
长 50 厘米　宽 28 厘米　高 67 厘米
济南　私人藏品

黄花梨宝座式镜台，实例数量似不如屏风式多。但年分较早。笔者遇上数例，均是晚明之物，而非清初制作如大多数屏风式镜台[36]。

黄花梨宝座式镜台
长 37 厘米 宽 20.4 厘米 高 48.5 厘米
美国 明尼阿波利斯艺术博物馆

天平架 《二刻拍案惊奇》插图「神偷寄兴一枝梅」明崇祯刊本

天平架是用来挂天平的架子，放在桌案上使用。在前文《水浒传》插图（见274页黄花梨小箱）众人分银两的情景中就有天平架被使用的实况，亦阐明古代以白银为主要货币的时代，戥子及天平是常用的衡具，故天平架不只是限于店铺才使用的案头家具。《拍案惊奇》中“神偷寄兴一枝梅”一回插图就描绘了家居内的一件[37]。

紫檀木制天平架，两块厚横木造的墩子上锼刻出壸门式亮脚纹，其间设通长抽屉，两根立柱以素站牙抵夹，搭脑下装透雕鱼门洞绦环板，下安柔婉形状素角牙。整体比例均称，简洁高雅，不似市井之物。

紫檀天平架
长69.7厘米 宽33.5厘米 高76.5厘米
菲律宾 马尼拉 私人藏品

此具黄花梨天平架设抽屉两层，抽屉脸木纹华美。站牙透雕螭纹，装饰秾丽，亦似属富户家中器物而非平常店铺用具[38]。

黄花梨天平架

长62.2厘米 宽22.8厘米 高77.5厘米

台北 私人藏品

提盒，顾名思义，是为了便于出行而设的箱盒，泛指分层而有提梁的长方形盛器。古代的提盒，主要是盛放食物，茶酒等，是采用竹或较轻便的一般木材制成，以方便出行携带。以珍贵木材黄花梨制造的，自非食物盛器，而是用来储存玉石印章，小件文玩之具。现举两例。

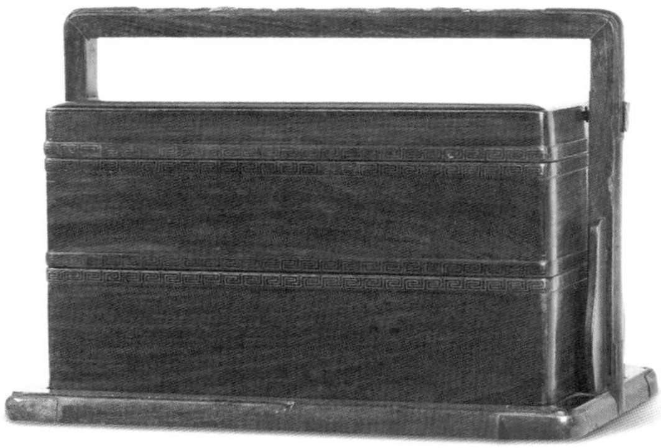

八宝嵌银丝黄花梨提盒。提梁镶嵌八宝花卉绿叶。盒盖与盒墙沿边嵌银丝扯不断纹[39]。

黄花梨八宝嵌银丝两撞提盒
长 30.5 厘米 宽 20 厘米 高 21.6 厘米
香港 私人藏品

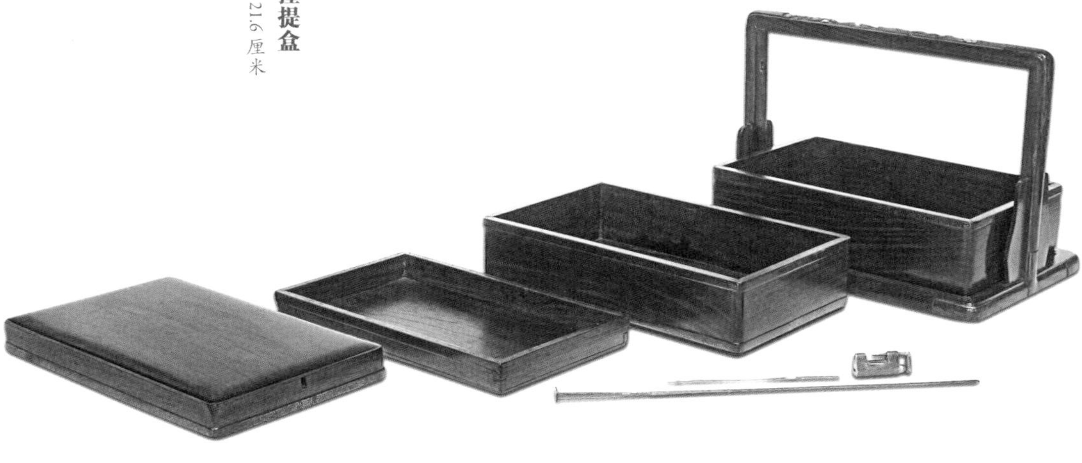

四撞黄花梨提盒[40]。提盒传世实例颇多，但大多数为两撞或三撞，四撞提盒比较少见。崇祯版《西湖二集》[41]插图可见一例。

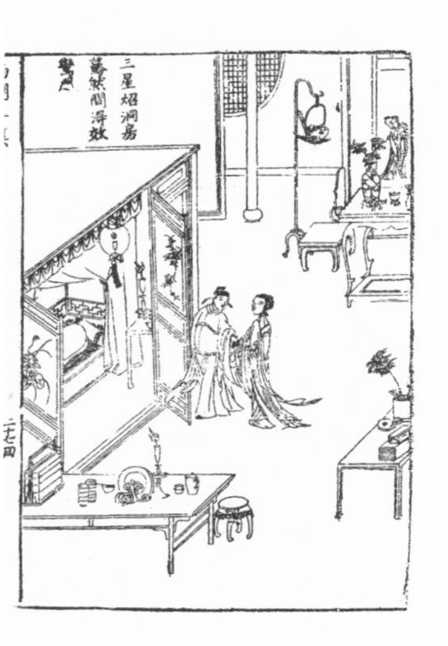

四撞提盒 《西湖二集》插图 明崇祯刻本

黄花梨四撞提盒
长 37.5 厘米 宽 21.3 厘米 高 37 厘米
北京 私人藏品

轿箱是古代在轿子上使用的箱具，形状像是一个长方箱盒将底部两端各切除一个方块，这样箱子才可架搭在轿子的两根轿杠上。实况能见于明三彩陶明器——内置轿箱的轿子。古代乘轿者多为官绅，故有说轿箱为官吏专门用具。

黄花梨轿箱，立墙四角用铜页包裹，正面圆面页，拍子云头形，铜活平镶。箱内中部有活动式浅屉，两端有带门盖的小侧室，正中是深且长的储物空间[42]。

微形明三彩陶轿子

黄花梨轿箱

长 74.5 厘米 宽 18.5 厘米 高 14 厘米

北京 私人藏品

神龛是传统家居供奉神明的用具，传世品多为清代制作，明式神龛非常罕见，现举两例。

黄花梨门楼式神龛，以三块独板插入如地平的下座，加板盖成龛室。地平下座四边镂出壶门式亮脚。室前立柱两根，用栏杆围出前廊，中间开敞，栏杆嵌装螭纹花卉纹绦环板。廊顶三面均设绦环板挂檐，透雕花卉图案纹。内室安券口牙子，下垂短柱雕莲苞莲叶。

黄花梨门楼式神龛
长 24.4 厘米 宽 23.6 厘米 高 44 厘米
香港 私人藏品

黄花梨圆神龛，以整段树干挖空制成，造型古朴。圆形龛室内透雕长方棂格窗一对。神龛上下各刻一环宽而扁的线脚，营造上有盖下有座的木作结构，予人感觉稳重。下部锼雕出四小足及形状优美的壶门式牙子，与龛室门檐壶门轮廓相呼应，是一件独具匠心，意趣高雅的佳作。

黄花梨圆神龛

直径 22 厘米 高 36.5 厘米

香港 伍嘉恩女士藏品

[注释]

1 此盆架是伦敦【嘉木堂】开馆展览《炕上壁间》展品之一，后归比利时侣明室收藏。Grace Wu Bruce, *On the Kang and between the Walls - the Ming furniture quietly installed*（《炕上壁间》），香港，1998年，46-47页；Grace Wu Bruce, *Living with Ming – the Lu Ming Shi Collection*（《侣明室家具图集》），香港，2000年，176-177页。

2006年北京故宫举办明式家具展览也包括此盆架，并载录于同步出版图录：伍嘉恩《永恒的明式家具》，香港，2006年，72-73页。这具折叠式矮面盆架在2011年侣明室专拍中被新主人购入。

2 中国嘉德《读往会心——侣明室藏 明式家具》，中国嘉德2011春季拍卖会2011年5月21日。

3 美国明尼阿波利斯艺术博物馆中国家具收藏专刊：Robert D. Jacobsen and Nicholas Grindley, *Classical Chinese Furniture in the Minneapolis Institute of Arts*, Minneapolis, 1999, 页166-167。

4 此具高盆架是加州中国古典家具博物馆旧藏，在1996年纽约佳士得举办的专拍中卖出。王世襄编著、袁荃猷绘图《明式家具萃珍》，美国中华艺文基金会（Tenth Union International Inc），芝加哥·旧金山，1997年，168-169页；Christie's, *Important Chinese Furniture, Formerly The Museum of Classical Chinese Furniture Collection*（佳士得《中国古典家具博物馆馆藏珍品》），纽约，1996年9月19日，拍品号101，188-189页。

5 《醒世恒言》卷十五，明代小说，明天启丁卯七年（1627年）刻本。周芜、周路、周亮编《日本藏中国古版画珍品》，江苏美术出版社，1999年，510页。

《仙媛纪事》，明代仙道故事，明万历刻本。陈同滨等主编《中国古典建筑室内装饰图集》，今日中国出版社，北京，1995年，930页。

6 《苏门啸》，明代离剧，明崇祯壬午十五年（1642年）刻本。周芜、周路、周亮编《日本藏中国古版画珍品》，江苏美术出版社，1999年，423页。

7 Grace Wu Bruce, *Dreams of Chu Tan Chamber and the Romance with Huanghuali Wood: The Dr. S. Y. Yip Collection of Classic Chinese Furniture*（《攻玉山房藏明式黄花梨家具：楮檀室梦旅》），香港，1991年，138-139页。

8 Christie's, *The Dr S Y Yip Collection of Fine and Important Classical Chinese Furniture*（佳士得《攻玉山房藏中国古典家具精萃》），纽约，2002年9月20 日，拍品号23，48-49页。

9 此件衣架，如上例同是叶氏藏品，载录于其家具专辑：Grace Wu Bruce, *Chan Chair and Qin Bench: The Dr S Y Yip Collection of Classic Chinese Furniture II*（《攻玉山房藏明式黄花梨家具II：禅椅琴凳》），香港，1998年，118-119页。

10 《绿窗女史》（"春睡"），明代笔记小说，明崇祯刻本。首都图书馆编《古本小说版画图录》下函第十册，线装书局，北京，1996年，图版651。

11 《新镌出像东西晋演义》（"小吏私通贾南风"），明代小说，明金陵书肆周氏大业堂刻本。首都图书馆编《古本小说版画图录》上函第八册，线装书局，北京，1996年，图版540。

12 此灯台1989年【嘉木堂】提供给加州中国古典家具博物馆，1996年在纽约佳士得专拍中卖出。王世襄编著、袁荃猷绘图《明式家具萃珍》，美国中华艺文基金会（Tenth Union International Inc），芝加哥·旧金山，1997年，172-173页；Christie's, *Important Chinese Furniture, Formerly The Museum of Classical Chinese Furniture Collection*（佳士得《中国古典家具博物馆馆藏珍品》），纽约，1996年9月19日，拍品号61，128-129页。

13 Christie's, *Important Chinese Furniture, Formerly The Museum of Classical Chinese Furniture Collection*（佳士得《中国古典家具博物馆馆藏珍品》），纽约，1996年9月19日。

14 除了亚洲古董艺术媒体的广泛报导，甚具影响力的西方艺术传媒亦大篇幅刊载是次明式家具专拍，包括《The Art Newspaper》、《Art & Auction》，见：Elspeth Moncrieff, Insider's guide to the Chinese furniture sale, *The Art Newspaper*, November 1996, p34；Souren Melikian, Cult Cargo, *Art & Auction*, November 1996, p 98-108.

15 王世襄先生在《庄氏家族捐赠上海博物馆 明清家具集萃》内的自述。庄贵仑《庄氏家族捐赠上海博物馆 明清家具集萃》，两木出版社，香港，1998年，10页。

16 王世襄《明式家具珍赏》，三联书店（香港）有限公司／文物出版社（北京）联合出版，香港，1985年。

17 同注释15。

18 香港攻玉山房藏，著录同注释7，142-143页。

19 《金瓶梅词话》（"丽春院惊走王三官"），明代长篇小说，插图明崇祯刻本，文学古籍刊行社，册一，第六十九回。

20 《南宋志传》，历史小说，明万历间（约1618年）刻本。郑振铎编《中国古代木刻画选集》第四册，人民美术出版社，北京，1985年。

《绣襦记》（"襦护郎寒"），明代传奇类书籍，明万历刻本。傅惜华《中国古典文学版画选集》上册，上海人民美术出版社，1981年，486-487页。

21 香港攻玉山房藏，著录同注释7，104-105页。

22 《征播奏捷传》（"礼集一卷 杨应龙谐鸾凤佳配"），明代讲史小说类书籍，万历癸卯三十一年（1603年）重刊本。周芜、周路、周亮编《日本藏中国古版画珍品》，江苏美术出版社，1999年，226-227页。

23 台北历史博物馆《风华再现：明清家具收藏》，台北，1999，134页；Grace Wu Bruce, *Feast by a wine table reclining on a couch: The Dr. S. Y. Yip Collection of Classic Chinese Furniture III*（《燕几衎榻：攻玉山房藏中国古典家具》），香港，2007年，100-101页。

24 【嘉木堂】2008年秋展展品之一，收录于展览特刊：嘉木堂《明式家具》，香港，2008，68-71页。

25 《金瓶梅词话》（"薛媒婆说娶孟三儿"），明代长篇小说，插图明崇祯刻本，文学古籍刊行社，册一，第七回。

26 《忠义水浒传》（"梁山泊分金大买市"），元末明初历史小说，明万历刻本。郑振铎编《中国古代版画丛刊》卷二，上海古籍出版社，1988年，864页。

27 明王圻、王思义《三才图会》（"器用十二卷十八"），明代绘图类书，万历刻本，上海古籍出版社，1988年，中卷，1332页。

28 【嘉木堂】1995年与2008年秋展中各有一例黄花梨画匣：Grace Wu Bruce, *Ming Furniture*（《嘉木堂中国家具精萃展》），香港，1995年，66-67页；嘉木堂《明式家具》，香港，2008年，78-79页。

29 实况可参照香港叶氏家具收藏专辑内一例，著录同注释9，184-185页。

30 《西厢记》(“妆台窥简”)，元代杂剧类书籍，明万历刻本。傅惜华《中国古典文学版画选集》上册，上海人民美术出版社，1981年，472页；

《西厢记》(“玉台窥简”)，元代杂剧类书籍，明万历刻本。傅惜华《中国古典文学版画选集》上册，上海人民美术出版社，1981年，107页。

31 比利时侣明室藏：Grace Wu Bruce, *Living with Ming – the Lu Ming Shi Collection*（《侣明室家具图集》），香港，2000年，205-206页。2011年易主。见录于中国嘉德拍卖图录《读往会心——侣明室藏明式家具》，北京，2011年5月21日，编号3341。

32 香港攻玉山房藏。著录同注释9，182-183页。

33 《金瓶梅词话》(“真夫妇明偕花烛”)，明代长篇小说，插图明崇祯刻本，文学古籍刊行社，册一，第九十七回。

34 《牡丹亭还魂记》(“惊梦”)，明代传奇类书籍，明天启刻本。傅惜华《中国古典文学版画选集》下册，上海人民美术出版社，1981年，619页。

35 明午荣编《鲁班经匠家镜》卷二，页十九。Ruitenbeek, Klaas, *Carpentry and Building in Late Imperial China, A Study of the Fifteenth-Century Carpenter's Manual Lu Ban Jing*, Leiden, 1993, 图版II 41.

36 【嘉木堂】1995年展览展品之一，收录于展览目录内，受到美国明尼阿波利斯艺术博物馆的青睐，纳入收藏。著录见Grace Wu Bruce, Ming Furniture（《嘉木堂中国家具精萃展》），香港，1995年，74-75页；Robert D. Jacobsen and Nicholas Grindley, *Classical Chinese Furniture in the Minneapolis Institute of Arts*, Minneapolis, 1999, p182-183.

37 《二刻拍案惊奇》(“神偷寄兴一枝梅”)，话本小说，明崇祯刊本。首都图书馆编《古本小说版画图录》下函第十一册，线装书局，北京，1996年，图版782。

38 【嘉木堂】1995年特展之展品之一：Grace Wu Bruce, *Ming Furniture*（《嘉木堂中国家具精萃展》），香港，1995年，68-69页。

39 【嘉木堂】2008年秋展展品之一：嘉木堂《明式家具》，香港，2008年，72-75页。

40 提盒是美国加州中国古典家具博物馆旧藏，同注释4，拍品号3，34-35页。

41 《西湖二集》(“三星照洞房 蓦然间得效鸾凤”)，明代话本，明崇祯刻本。首都图书馆编《古本小说版画图录》下函第十册，线装书局，北京，1996年，图版696。

42 【嘉木堂】2008年秋展展品，载录于展览目录内：嘉木堂《明式家具》，香港，2008年，80-81页。

市场价值——由万历三十一年说起

明末清初文学家张岱在其著作《陶庵梦忆》[1]中的“仲叔古董”一节说到：

> 葆生叔少从渭阳游，遂精赏鉴。得白定炉、哥窑瓶、官窑酒匜，项墨林以五百金售之，辞曰：“留以殉葬。”
>
> 癸卯，道淮上，有铁梨木天然几，长丈六、阔三尺，滑泽坚润，非常理。淮抚李三才百五十金不能得，仲叔以二百金得之，解维遽去。淮抚大恚怒，差兵蹑之，不及而返。

葆生即张尔葆[2]，字葆生，松江人，仕扬州司马，是陈洪绶的岳父，而癸卯就是万历三十一年，1603年。未考究1603年时的二百金是现银多少，但如白定炉、哥窑瓶、官窑酒匜值约五百金，看来这铁力天然几也颇贵重。

三百多年后，美国巴尔的摩博物院1946年6月院刊内，报导刚开幕的中国古典家具展览：

> 展出的17至18世纪中国家具没有一件有雕龙的！全部设计简约典雅，充分表现线条美与木材佳，十分有现代感。展品全是威廉·德拉蒙德先生借出，源自他多次中国之旅。

院方内部记录有当时发给展品物主，华盛顿的德拉蒙德先生夫人的收据及清单。影印本复制后模糊，重新打印后能见展品包括三十四件家具，两件丝绣，五件地毯，两件瓷器，八件锡器和二十七件字画。七十八件展品共议价5000美元，以这价值购买保险。亦未考究1948年5000美元是现银多少，不过包括三十几件家具、二十多幅字画，还有其他东西，那么若约合每件数十元，听来好像也不比明代几百金那么贵重。

NEWS

The BALTIMORE MUSEUM of ART

June Nineteen forty-six

美国 巴尔的摩美术院院刊
1946 年 6 月

美国 巴尔的摩美术院 1946 展览现场照片

THE BALTIMORE MUSEUM OF ART

Receipt of Objects № 1960

March 14 19 46

To the Registrar: I have received from

Mr. and Mrs. Wm. Drummond or c/o John Miles
1733 29th Street, NW 1417 N St. NW
Washington, 9, D.C. Washington, D.C.

the following:

Thirty-four pieces of oriental furniture.
Eight pieces of pewter.
Two pieces or boxes of lacquered leather.
Two wall hangings. Gold door hanging, and Soochow hanging.
Five 17th and 18th Cent. North China rugs.
Twenty-seven scroll paintings or rubbings.
Two porcelains: one celadon, and one bright royal blue.

Insurance val. $5000.00 Voucher No.

Express Prepaid X Collect

Freight Davidson Weight 1000 lbs.

Mail

Hand

Arrival Date Shipping Date

Card acknowledging receipt has been sent

1946 - Chronological file (No #'s - filed according to date)

THE BALTIMORE MUSEUM OF ART

Baltimore, Maryland Feb. 7 1946

Received from Drummond

the objects described below, offered to The Baltimore Museum of Art

RECEIPT

DESCRIPTION OF OBJECTS

1. Pair of tall square corner cabinets. Huang hua li $1000.00

11. Footstool Hung mu 25.00

12. Canopy bed, with spring and mattress, and two green and gold embroideries (for roof and bed) 1000.00

13. One pair of chests (These fit one on top of the other, placing one with broken bottom at the bottom. Hung mu 100.00

14. Jewel box. Huang hua li 50.00

15. Documents box, or secretary. Huang hua li With Nan mu stand. 100.00

THE BALTIMORE MUSEUM OF ART

Receipt of Objects

No. 1960

March 14, 1946

To the Registrar: I have received from

Mr. and Mrs. Wm. Drummond or c/o John Miles
1733 29th Street, NW 1417 N Street NW
Washington, 9, D.C. Washington, D.C.

the following:

Thirty-four pieces of oriental furniture.
Eight pieces of pewter.
Two pieces or boxes of lacquered leather.
Two wall hangings. Gold door hanging, and Soochow hanging
Five 17th and 18th Cent. North China rugs.
Twenty-seven scroll paintings or rubbings.
Two porcelains one celadon, and one bright royal blue.

Insurance val. $5,000.00 Voucher No.

Express Prepaid x Collect

Freight Davidson Weight 1000 lbs.

Mail

Hand

Arrival Date Shipping Date

Card acknowledging receipt has been sent

展品收据

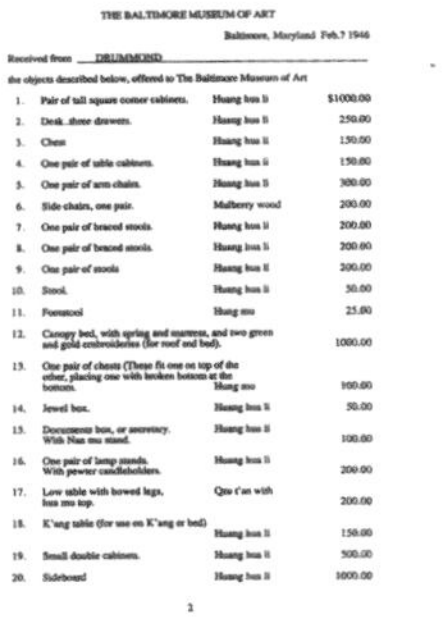

THE BALTIMORE MUSEUM OF ART

Baltimore, Maryland Feb.7 1946

Received from DRUMMOND

the objects described below, offered to The Baltimore Museum of Art

1.	Pair of tall square corner cabinets.	Huang hua li	$1000.00
2.	Desk..three drawers.	Huang hua li	250.00
3.	Chest	Huang hua li	150.00
4.	One pair of table cabinets.	Huang hua li	150.00
5.	One pair of arm chairs.	Huang hua li	300.00
6.	Side chairs, one pair.	Mulberry wood	200.00
7.	One pair of braced stools.	Huang hua li	200.00
8.	One pair of braced stools.	Huang hua li	200.00
9.	One pair of stools	Huang hua li	200.00
10.	Stool.	Huang hua li	50.00
11.	Footstool	Hung mu	25.00
12.	Canopy bed, with spring and mattress, and two green and gold embroideries (for roof and bed).		1000.00
13.	One pair of chests (These fit one on top of the other, placing one with broken bottom at the bottom.	Hung mu	100.00
14.	Jewel box.	Huang hua li	50.00
15.	Documents box, or secretary. With Nan mu stand.	Huang hua li	100.00
16.	One pair of lamp stands. With pewter candleholders.	Huang hua li	200.00
17.	Low table with bowed legs, hua mu top.	Ch'ao t'an with	200.00
18.	K'ang table (for use on K'ang or bed)	Huang hua li	150.00
19.	Small double cabinets.	Huang hua li	300.00
20.	Sideboard	Huang hua li	1000.00

2

展品清单

收藏信札的方继孝先生，2007年底整理并发表了些陈梦家先生的信札[3]，陈梦家先生（1911~1966年），是集诗人、古文字学家、考古学家、青铜器鉴赏家于一身的大家，是与王世襄先生同期为明式家具痴迷进行收集的同道中人。王世襄先生著作《明式家具珍赏》[4]中，有二十四例是陈梦家先生的收藏。现在从陈梦家先生写给远在异乡的夫人的家书中，摘录了些有关家具购买价格的部分：

1948年11月8日

今日一早入城，刘仁政在青年会门口等我，一同逛私宅、隆福寺、东四、天桥北大街等小市访硬木家具，奔走到晚，中间去振德兴看绣衣，甚可观。今日买到大明紫檀大琴桌（如画桌，而无屉，伍佰三十万），两半月形红木小圆矮桌（作咖啡桌用，伍拾伍万），长方小茶几（花梨木，二十五万），长条琴桌板（需配二茶几作腿，板六十五万）……

1948年11日9日

四月前与仁政看好的大明黄花梨小八仙，居然尚在天桥，以三百五十万买下，后日送来。

前昨两日进城，因唐兰、于省吾请吃烤羊肉于烤肉季，极好。又跑了木器店，德胜门外、鼓楼、后门大街、隆福寺、东四、瓷器口、鲁班馆、东晓市、天桥西大街等。大看从前未看到的北平，但家具近大缺货，又买到大椅二、方凳二（一百四十万）。

1945年战后，物价疯狂上涨。国民党在大陆统治最后期的1948年上半年，根据陈明远著《文化人的经济生活》[5]，米售价平均每市斤九万元、菜油价平均每市斤三十六万元、猪肉价平均每市斤三十五万元、食盐价平均每市斤七万元。用这样的尺度，就知道花梨木小茶几二十五万，紫檀大琴桌五百三十万（相等于十几斤菜油），黄花梨小八仙三百五十万（等于十斤猪肉）不是太高的价钱。陈梦家先生也在他写给夫人的家书内说明“各物若合美金，非常便宜”。

俱往矣，1946年，1948年，毕竟离现代很远了。

1996年9月佳士得在纽约举行加州中国古典家具博物馆收藏专拍[6]。以下列出部分拍品当时成交的价钱。这批家具是由香港【嘉木堂】提供给加州博物馆的，其购入期为1989至1991年。对比买入与售出价，颇能了解明式家具上世纪90年代市场价目的变化。

前加州中国古典家具博物馆 1996 年专拍中部分家具成交价（美元）

		购入年份	购入价	1996 年 9 月 拍卖成交价
	椅类			
	黄花梨嵌黄杨圈椅 拍品号 44	1991	$23,000	$63,000
	黄花梨四出头大官帽椅 拍品号 53	1989	$38,000	$140,000
	黄花梨灯挂椅一对 拍品号 74	1989	$36,000	$63,000
	黄花梨南官帽椅一对 拍品号 47	1991	$30,200	$85,000
	黄花梨禅椅 拍品号 93	1990	$32,000	$277,500
	桌案类			
	黄花梨绿纹石几面 折叠式带屉酒桌 拍品号 18	1991	$30,000	$96,000
	黄花梨楠木有束腰小桌 拍品号 20	1990	$29,000	$51,750
	黄花梨有束腰 内卷球足条桌 拍品号 40	1990	$32,000	$74,000
	黄花梨夹头榫画案 拍品号 16	1991	$62,000	$173,000
	黄花梨平头案 拍品号 75	1990	$49,000	$85,000

床榻柜架类				
	鸂鶒木楠木台座式榻 拍品号 13	1990	$32,000	$77,300
	黄花梨龙纹寿字门围子架子床 拍品号 62	1991	$86,000	$332,500
	黄花梨变体圆角柜 拍品号 12	1990	$48,000	$112,500
	黄花梨配乌木栏架格 拍品号 80	1991	$59,000	$244,500
	黄花梨圆角柜一对 拍品号 19	1989	$188,000	$376,500

总结以上资料:

在五六年间椅类最少升值一倍，黄花梨四出头大官帽椅升值三倍多，而黄花梨禅椅，就飙升逾八倍!

桌案价钱，也以倍数或近倍数攀升，黄花梨绿纹石折叠式带屉酒桌升幅最高，三倍多。

床榻、柜架类也大幅度涨价，黄花梨龙纹寿字门围子架子床，在五六年间由8.6万美元涨至33.25万美元，而黄花梨配乌木栏架格，购入价5.9万美元，而以四倍多的24.45万美元卖出。

至于二十一世纪的市场价值，前文列出在1996年拍卖价7.73万美元的鸡翅木台座式榻，2006年再以22.8万美元成交[7]。2007年底，近三米长的黄花梨翘头案，在香港拍卖以503余万港币成交[8]。2008年，典型黄花梨罗锅枨马蹄足条桌在纽约拍出16.9万美元[9]，而一对黄花梨周制圈椅，就创43.3万美元的高价[10]。同样在纽约，至2009年，黄花梨木大柜一对已达到超过美元101万的价格[11]。

2011年，中国嘉德拍卖有限公司在北京举办“读往会心——侣明室藏明式家具”[12]专拍。侣明室的明式家具，集结比利时人菲利浦·德巴盖先生自二十多年前开始的收藏结晶。（侣明室收藏与拍卖在前文交椅篇145页与其他类254页有详细述及。）以下列出大部份着地家具拍品当时成交的价钱。这批家具均由香港和伦敦【嘉木堂】提供给侣明室，其购入期为1991至2003年。列出的侣明室家具有四十八件套之多，也几乎囊括了明式家具的各种类。对比买入与售出价，对了解明式家具上世纪90年代迄今市场价目的变化，非常有代表性。

侣明室2011年专拍中部份家具成交价（美元）

		购入年份	购入价	2011 年 5 月 拍卖成交价
椅凳类				
	黄花梨透雕靠背玫瑰椅 拍品号 3367	1992	$13,000	$619,000
	黄花梨圈椅 拍品号 3325	2000	$38,000	$336,000
	黄花梨高四出头官帽椅 拍品号 3376	1996	$23,000	$708,000
	黄花梨仿竹材 玫瑰椅成对 拍品号 3355	1996	$23,000	$708,000
	黄花梨圈椅成对 拍品号 3368	1991	$19,000	$796,000
	黄花梨雕龙纹 四出头官帽椅成对 拍品号 3328	1998	$150,000	$3,538,000

	黄花梨有束腰 三弯腿长方凳 拍品号 3385	2001	$21,000	$318,000
	黄花梨仿竹材方凳 拍品号 3323	2000	$14,000	$92,000
	黄花梨无束腰 圆腿长方凳成对 拍品号 3353	2000	$30,000	$142,000
	黄花梨有束腰 马蹄足长方凳成对 拍品号 3364	1992	$16,000	$372,000
	黄花梨有束腰装卡子花 马蹄足长方凳成对 拍品号 3333	1998	$39,000	$283,000
	黄花梨仿竹材方凳成对 拍品号 3343	1997	$63,000	$495,000
	黄花梨交杌 拍品号 3365	1994	$22,000	$336,000
桌案类				
	黄花梨夹头榫带屉板 小平头案 拍品号 3386	1995	$30,000	$248,000
	黄花梨嵌桦木平头案 拍品号 3337	1992	$22,000	$416,000
	黄花梨嵌桦木小画案 拍品号 3379	1992	$18,000	$708,000

	黄花梨透雕牙头平头案 拍品号 3346	2000	$140,000	$708,000
	黄花梨独板云纹牙头 翘头案 拍品号 3389	1999	$33,000	$513,000
	黄花梨透雕档板翘头案 拍品号 3360	1998	$128,000	$1,327,000
	黄花梨高束腰 霸王枨翘头几 拍品号 3357	1996	$32,000	$1,769,000
	黄花梨有束腰小桌 拍品号 3369	1992	$19,000	$548,000
	黄花梨有束腰 马蹄足琴桌 拍品号 3326	2001	$45,000	$327,000
	黄花梨独板变体 四面平桌 拍品号 3387	1996	$24,000	$619,000
	黄花梨雕龙纹石面 马蹄足半桌 拍品号 3344	1996	$24,000	$389,000
	黄花梨有束腰 展腿式半桌 拍品号 3358	2000	$62,000	$1,238,000
	黄花梨两用条／炕桌 拍品号 3370	2000	$120,000	$849,000

	黄花梨八仙桌 拍品号 3378	1992	$23,000	$389,000
	黄花梨仿竹材绦环 条桌成对 拍品号 3327	1994	$51,000	$708,000
香几、炕桌类				
	黄花梨四面平几 拍品号 3377	2001	$35,000	$283,000
	黄花梨三弯腿方香几 拍品号 3345	1996	$28,000	$920,000
	黄花梨长方香几 拍品号 3356	1995	$32,000	$1,097,000
	黄花梨折叠式炕桌 拍品号 3332	1998	$29,000	$230,000
	黄花梨炕桌 拍品号 3352	1998	$39,000	$150,000
	黄花梨雕螭虎龙纹炕桌 拍品号 3324	2000	$35,000	$310,000
	黄花梨三弯腿 卷草花纹炕桌 拍品号 3366	1992	$13,000	$120,000
床、榻、柜、架类				
	黄花梨独板围子 马蹄足罗汉床 拍品号 3338	2001	$395,000	$4,954,000

	黄花梨攒斗围子 六柱架子床 拍品号 3348	2003	$350,000	$1,451,000
	黄花梨衣箱 拍品号 3383	1995	$13,000	$212,000
	黄花梨方角矮柜 拍品号 3335	1999	$22,000	$230,000
	黄花梨小方角柜 拍品号 3334	1994	$11,000	$230,000
	黄花梨冰绽纹柜 拍品号 3371	2000	$138,000	$2,212,000
	黄花梨圆角柜 拍品号 3380	1996	$24,000	$885,000
	黄花梨嵌斑竹 圆角柜成对 拍品号 3347	1999	$168,000	$849,000
	黄花梨方材圆角柜 拍品号 3359	1992	$38,000	$530,000
		其他类		
	黄花梨脚踏 拍品号 3363	2000	$21,000	$80,000
	黄花梨折叠式 六足面盆架 拍品号 3384	1998	$26,000	$301,000

	黄花梨五抹八扇围屏 拍品号 3390	2001	100,000	$336,000
	黄花梨嵌大理石屏风 拍品号 3388	2002	$96,000	$849,000

图表说明:

购入价与拍卖成交价转为美元计算法用4弃5入至千位

货币汇率:	2011年5月	美元$1:人民币6.5元
	1995年6月	英磅£1:美元$1.6
	2000年1月	英磅£1:美元$1.63
	2000年3月	英磅£1:美元$1.63
	2001年6月	英磅£1:美元$1.4
	1991-2003年	美元$1:港币$7.8元

总结以上的资料:

侣明室的明式家具，在上世纪90年代至2011年的二十年间，其市场价值都以倍数增长。48件中29件售出价高于购入价逾10倍，逾20倍的15件，逾30倍的9件。而黄花梨高束腰霸王枨翘头几[13]，成交价人民币1150万元，以当时汇率6.5算，折合176万9千美元，比购入时的3万2千元，飚升逾55倍！黄花梨透雕靠背玫瑰椅[14]和圈椅成对[15]，也大幅度涨价，逾40倍。48件中成交价逾千万人民币的8件，逾五百万的24件。

至于2011年后的市场价值，中国嘉德2014年5月举办的“器美神完——【嘉木堂】藏明式家具精品”[16]专场，着地家具18件中成交价逾千万人民币4件，逾五百万的8件，逾四百万的11件。与三年前侣明室成交价媲美并似有增长。

明式家具的市场价值，似像回升到明代万历年间的几百金！

（本文于 2008 年 1 月在北京“盛世雅集——2008 中国古典家具精品展暨国际学术研讨会”上宣读。2009 年略作补充，在北京《文物天地》2009 年 9 月总第 219 期刊出。《明式家具二十年经眼录》补上 2009 年底市场成交价格刊登。现增补 2010 年至今的数据。）

[注释]

1 明张岱《陶庵梦忆》，江苏古籍出版社，南京，2000年，101页。

2 俞剑华编《中国美术家人名辞典》，上海人民美术出版社，1981年，868页。

3 方继孝《陈梦家和他的玩友王世襄》，《中国收藏》2007年11月号，北京，2007年，142-146页。

4 王世襄《明式家具珍赏》，三联书店（香港）有限公司／文物出版社（北京）联合出版，香港，1985年。

5 陈明远《文化人的经济生活. 抗战胜利后的经济形势（3）》。2009年5月22日，取自http://vip.book.sina.com.cn/book/chapter_38384_21533.html

6 Christie's, *Important Chinese Furniture, Formerly The Museum of Classical Chinese Furniture Collection*（佳士得《中国古典家具博物馆馆藏珍品》），纽约，1996年9月19日。

7 Christie's, *Fine Chinese Ceramics and Works of Art*（佳士得《中国瓷器及工艺精品》），纽约，2006年9月19日，拍品号78，62-63页。

8 Christie's, *Important Chinese Ceramics and Works of Art*（佳士得《重要中国瓷器及工艺品》），香港，2007年11月27日，拍品号1823，258-259页。

9 Christie's, *Fine Chinese Ceramics and Works of Art*（佳士得《中国瓷器及工艺精品》），纽约，2008年3月19日，拍品号378，60-61页。

10 Sotheby's, *Fine Chinese Ceramics & Works of Art*（苏富比《中国瓷器及工艺精品》），纽约，2008年3月18日，拍品号233，252-253页。

11 Sotheby's, *Fine Chinese Furniture, Works of Art and Carpets from the Arthur M. Sackler Collections*（苏富比《阿瑟·赛克勒藏中国家具、工艺精品及地毯》），纽约，2009年9月16日，拍品号10，18-19页。

12 中国嘉德《读往会心——侣明室藏明式家具》，北京，2011年5月21日。

13 中国嘉德《读往会心——侣明室藏明式家具》，北京，2011年5月21日，编号3357。

14 中国嘉德《读往会心——侣明室藏明式家具》，北京，2011年5月21日，编号3367。

15 中国嘉德《读往会心——侣明室藏明式家具》，北京，2011年5月21日，编号3368。

16 中国嘉德《器美神完——嘉木堂藏明式家具精品》，北京，2014年5月17日。

明式家具经眼录

世界明式家具分布

以本书提及的明式家具实例所在地，在世界地图上落点，编织成这个明式家具的世界分布图。大家马上会发觉，他们遍布全球多国大城市。

这图版仅包括书中选用的实例，当然只是局部、不全面的展示。比如在这图中没有显示，但我们就明确知道的在日本、夏威夷、希腊、瑞典等，而至多处在中国先前二十世纪中国分布图并没有显示的地区，在二十一世纪，明式家具也被当地爱好者继续收藏。

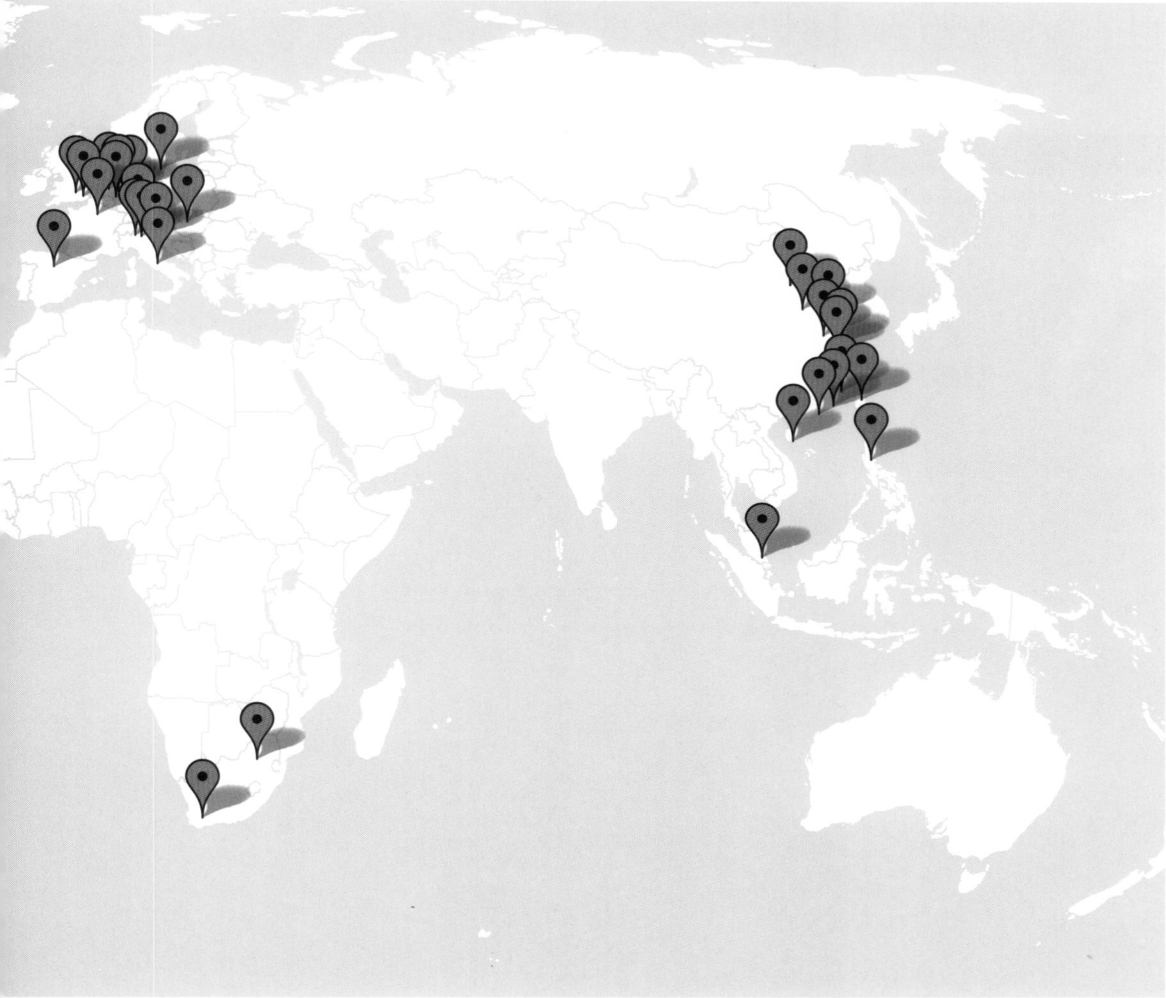

中国	上海、北京、台北、青岛、香港、三亚、汕头、江阴、湖州、福州、济南
丹麦	哥本哈根
比利时	布鲁塞尔、安特卫普
巴西	圣保罗
加拿大	蒙特利尔
西班牙	马德里
法国	巴黎
英国	牛津郡、伦敦
美国	旧金山、印第安纳波利斯、弗吉尼亚州、西雅图、贝弗利山、芝加哥、克利夫兰、波士顿、明尼阿波利斯、纽约、费城、洛杉矶
南非	约翰内斯堡、开普敦
荷兰	海牙
菲律宾	马尼拉
新加坡	
瑞士	韦尔毕耶 Verbier、卢加诺 Lugano、苏黎世
奥地利	维也纳
意大利	帕多瓦 Padova、罗马
德国	杜塞道夫 Düsseldorf

自 1985 年始大事记

时间	事件	书内正文述及位置
1985	王世襄先生著作《明式家具珍赏》在香港出版。	前言 6-8 页
1986	英文版《明式家具珍赏》在伦敦出版。(*Classic Chinese Furniture: Ming and Early Qing Dynasties*)	
1987	【嘉木堂】在香港中环毕打行开业，专门经营明式家具。	香几类 21 页 桌类 31 页及 41-42 页 箱橱柜格类 224-225 页
1988	中国古典家具博物馆在美国加州文艺复兴镇（Renaissance）成立。	香几类 21 页 椅类 103 页 椅类 132 页 箱橱柜格类 212 页
	柯律格著《英国国立维多利亚阿伯特博物院・东亚系列・中国家具》在伦敦出版。(*Chinese Furniture, Victoria and Albert Museum Far Eastern Series* by Craig Clunas)	箱橱柜格类 208-209 页
1989	2 月：中国古代家具收藏研究会第一期会刊在北京出版。	
	7 月：王世襄先生著作《明式家具研究》在香港出版。	
1990	英文版《明式家具研究》在香港出版。(*Connoisseurship of Chinese Furniture: Ming and Early Qing Dynasties*)	
	7 月：中国古代家具收藏研究会在北京正式成立，更名为中国古典家具研究会。	炕桌、案、几类开场白 81 页
	冬季：中国古典家具学会创刊号在美国加州文艺复兴镇出版。(*Journal of the Classical Chinese Furniture Society*, Renaissance, California)	香几类 21 页
1991	9 月～ 11 月：香港中文大学文物馆举办"攻玉山房藏明式黄花梨家具：楮檀室梦旅"展览 【嘉木堂】伍嘉恩撰写同名展览图录同步出版。(*Dreams of Chu Tan Chamber and the Romance with Huanghuali Wood: The Dr. S. Y. Yip Collection of Classic Chinese Furniture* by Grace Wu Bruce)	椅类 99 页 箱橱柜格类 196 页 其他类 259 页
	叶承耀医生中国家具国际研讨会在香港举行。(The Dr S Y Yip Symposium on Classic Chinese Furniture)	箱橱柜格类 208-209 页
	11 月：中国明式家具学会在北京贵宾楼饭店举办"明式家具国际学术研讨会"。	
	中国古典家具研究会、北京文物商店在北京智化寺合办"古典家具展览"。	

时间	事件	书内正文述及位置
1992	9月～11月：美国旧金山市工艺和民俗艺术博物馆举办中国古典家具展览并出版展览目录。（*Classical Chinese Wood Furniture*, San Francisco Craft & Folk Art Museum）	
	10月：美国旧金山市工艺和民俗艺术博物馆在旧金山市梅森堡中心考厄尔会场举办中国古典家具研讨会。（Cowell Theatre, Fort Mason Centre）	
1993	6月：【嘉木堂】首度参加伦敦格罗夫诺馆古董博览会，举办明式家具展销会。（The Grosvenor House Antiques Fair）	椅类108页 椅类139页 杌凳类155页
	鲁克思著《中华帝国晚期建筑与木作：15世纪工匠手册〈鲁班经〉研究》在荷兰莱顿出版。（*Carpentry and Building in Late Imperial China, A Study of the Fifteenth-Century Carpenter's Manual Lu Ban Jing* by Klaas Ruitenbeek）	箱橱柜格类208-209页
1994	7月：中央工艺美术学院编《中央工艺美术学院 院藏珍品图录 第二辑·明式家具》在北京出版。	
	12月：【嘉木堂】在香港本馆举办"家具中的家具：明式家具精选"展览。	香几类19页
1995	6月～1996年3月：美国旧金山市太平洋历史文物博物馆（现更名为太平洋传统博物馆）举办"中国古典家具博物馆精品"展览。	
	10月：中国嘉德在北京举办"清水山房藏明清家具"专拍。	
	10月～11月：【嘉木堂】首度在香港本馆举办"中国家具精萃展"（Ming Furniture）展销会。展览目录同步出版。	椅类117页
	12月～1996年2月："好古敏求 敏求精舍三十五周年纪念展"在香港艺术馆举行，展出包括63件套明式家具。	箱橱柜格类196页

时间	事件	书内正文述及位置
1996	2 月：王世襄先生及柯惕思著英文原版《明式家具萃珍》出版（内印 1995）。（*Masterpieces from the Museum of Classical Chinese Furniture* by Wang Shixiang & Curtis Evarts）	
	3 月：【嘉木堂】首度参加荷兰马斯特里赫特国际艺术博览会，举办明式家具展销会。（The European Fine Art Fair, Maastricht, the Netherlands）	案类 70 页 箱橱柜格类 216 页
	5 月：美国波士顿美术馆举办“屏居佳器：中国 16 ～ 17 世纪家具”展览开幕。（Beyond the Screen: Chinese Furniture of the 16th and 17th Centuries, Museum of Fine Arts, Boston） 南希·白铃安（Nancy Berliner）撰写展览目录同步出版。	箱橱柜格类 226 页 床榻类 240 页
	9 月：美国纽约佳士得举办“中国古典家具博物馆藏珍品”专拍。（Important Chinese Furniture - Formerly The Museum of Classical Chinese Furniture Collection）	案类 56 页 椅类 103 页 椅类 132 页 椅类 142 页 其他类 263-264 页
	安思远等撰写《洪氏所藏木器百图》在纽约出版。（Robert Hatfield Ellsworth et al）	
	10 月：中国上海博物馆新馆开幕，明式家具专馆首次在中国博物馆内面世。	其他类 263-264 页
	台北故宫博物院举办“画中家具特展”展览。 林莉娜编展览目录同步出版。	
1997	1 月：观复古典艺术博物馆（现更名为观复博物馆）在北京琉璃厂成立后对外开放，展示中国古家具。	箱橱柜格类 185 页
	王世襄先生著作《明式家具萃珍》，中文版的 *Masterpieces from the Museum of Classical Chinese Furniture* 在美国芝加哥出版。	
	3 月：【嘉木堂】首度参加国际亚洲艺术博览会，在纽约市第七军械库举办明式家具展销会。（The International Asian Art Fair, The Seventh Regiment Armory, New York）	案类 74-75 页 箱橱柜格类 200-201 页
	9 月：美国纽约佳士得举办“毕格史家藏中国古代家具”专拍。（The Mr & Mrs Robert P Piccus Collection of Fine Classical Chinese Furniture）	

时间	事件	书内正文述及位置
1998	1月～9月:美国旧金山市亚洲艺术博物馆举办"优越本质:明末清初中国家具"展览。(Essence of Style: Chinese Furniture of the Late Ming and Early Qing Dynasties, Asian Art Museum of San Francisco) 安思远等撰写同名展览图录同步出版。	
	【嘉木堂】伍嘉恩著《攻玉山房藏明式黄花梨家具Ⅱ:禅椅琴凳》在香港出版。(*Chan Chair and Qin Bench: The Dr S Y Yip Collection of Classic Chinese Furniture II* by Grace Wu Bruce)	椅类 99 页
	庄贵仑编《庄氏家族捐赠上海博物馆明清家具集萃》在香港出版。	其他类 263-264 页
	11月:伦敦【嘉木堂】成立,举办开馆展"四壁内与炕上的幽雅明式家具"。(On the Kang and between the Walls - the Ming furniture quietly installed) 展览图录同步出版。	案类 58 页 案类 70 页 椅类 126 页
1999	6月:美国明尼阿波利斯艺术博物馆亚洲艺术新馆开幕,展示中国古典家具收藏。(Minneapolis Institute of Arts) 举办中国古典家具研讨会。 罗伯特·雅各布逊、尼古拉斯·格林利著《明尼阿波利斯艺术博物馆藏中国古典家具》专辑出版。(*Classical Chinese Furniture in the Minneapolis Institute of Arts* by Robert D. Jacobsen and Nicholas Grindley)	机凳类 155 页 床榻类 234 页
	6月～9月:台北历史博物馆举办"风华再现:明清家具收藏"展览。 展览目录同步出版。	炕桌、案、几类 92 页 机凳类 160-161 页
	11月:伦敦【嘉木堂】在伦敦现代美术馆举办"嘉木堂呈献攻玉山房藏明式家具精品"展览。(Grace Wu Bruce presents Ming Furniture from the Dr S Y Yip Collection, Institute of Contemporary Arts, London)	
	伦敦【嘉木堂】在本馆举办:"明式家具奥秘"展览。(The Secrets of Ming Furniture)	
2000	【嘉木堂】伍嘉恩著《生活于明:侣明室藏品》在香港出版。(*Living with Ming- the Lu Ming Shi Collection* by Grace Wu Bruce)	椅类 145 页
	柯惕思著《两依藏玩闲谈》在香港出版。(*A Leisurely Pursuit – Splendid Hardwood Antiquities from the Liang Yi Collection* by Curtis Evarts)	
2001	韩蕙著《朴素明亮的中国古典家具》在美国伯克利出版。(*Austere Luminosity of Chinese Classical Furniture* by Sarah Handler)	
2002	9月:纽约佳士得举办"攻玉山房藏中国古典家具"专拍(The Dr S Y Yip Collection of Fine and Important Classical Chinese Furniture)	椅类 99 页 其他类 259 页
	12月:朱家溍编《故宫博物院藏文物珍品全集 明清家具》在香港出版。	

时间	事件	书内正文述及位置
2003	1月～3月：澳门艺术博物馆举办"堂上清华——南阳叶氏玫玉山房藏明清家具展"展览。	
	3月～6月：法国巴黎吉美国立亚洲艺术博物馆举办"明——中国家具的黄金时期"展览。(Ming, l'Age d'or du mobilier chinois, The Golden Age of Chinese Furniture, Collection Lu Ming Shi, National Museum of Asian Art - Musée Guimet) 同名展览目录同步出版。	椅类 145 页
	9月：纽约佳士得举办"甘高尔夫·盖斯收藏中国古典家具珍品"专拍。(The Gangolf Geis Collection of Fine Classical Chinese Furniture)	
	10月：STG艺术顾问在瑞士巴塞尔举办"明：侣明室藏品展"。(Ming: Schweizerische Treuhandgesellschaft and STG Fine Art Services Present the Lu Ming Shi Collection) 展览目录同步出版。	椅类 145 页
2004	11月～2005年3月：德国科隆东亚艺术博物馆举办"纯粹：中国古典家具——霍艾博士收藏"展览。(Pure Form, Classical Chinese Furniture, Vok Collection, Museum of East Asian Art, Cologne) 同名霍氏收藏图录出版。	椅类 126 页 椅类 132 页
	12月：朱家溍、朱传荣编《明清室内陈设》在北京出版。	
2005	10月～2006年3月："纯粹：中国古典家具——霍艾博士收藏"展览在德国慕尼黑旧皮纳克提现代美术馆举行。(Staatliches Museum für angewandte Kunst, Design in der Pinakothek der Moderne, Munich)	椅类 126 页 椅类 132 页
	10月：安思远等撰写《洪氏所藏木器百图第二卷》在纽约出版。	
2006	4月～6月：北京故宫博物院举办"永恒的明式家具——侣明室收藏"展览。【嘉木堂】伍嘉恩撰写同名展览目录。	椅类 145 页
	6月：中国国家博物馆举办"文化遗产日特别展览"，展出明式家具多件套。	桌类 34 页 案类 67 页
	11月～2007年1月：南京博物院举办"永恒的明式家具——侣明室收藏"展览。	椅类 145 页
	12月：胡德生著《故宫博物院藏明清宫廷家具大观》在北京出版。	
	12月～2007年1月：中国国家博物馆在北京举办"简约·华美：明清家具精品展"。	桌类 34 页

时间	事件	书内正文述及位置
2007	2 月：王正书著《明清家具鉴定》在上海出版	
	5 月：中国国家博物馆编《简约·华美：明清家具精粹》在北京出版。	桌类 34 页
	柯惕思著《两依藏》在香港出版。	
	11 月～ 2008 年 1 月：香港中文大学文物馆举办"燕几衎榻：攻玉山房藏中国古典家具"展览。 【嘉木堂】伍嘉恩撰写同名展览目录同步出版。（*Feast by a wine table reclining on a couch: The Dr. S. Y. Yip Collection of Classic Chinese Furniture III*）	椅类 99 页
2008	1 月：中国文物学会、中国嘉德国际拍卖有限公司在北京中华世纪坛世界艺术馆合办"盛世雅集——2008 古典家具精品展暨国际学术研讨会"。 田家青编同名展览目录同步出版。	香几类 21 页 自序 5 页
2009	9 月：黄定中著《留余斋藏明清家具》在香港出版。	
	马未都编著《坐具的文明》在北京出版。	
2010	11 月：中国嘉德在北京举办"简约隽永 明式黄花梨家具精品"专拍。	
2011	3 月～ 4 月：中国嘉德在北京恭王府举办"读往会心 —— 侣明室收藏明式家具"展览。	其他类 254 页
	5 月：中国嘉德在北京举办"读往会心 —— 侣明室收藏明式家具"专拍。	其他类 254 页
	10 月：【嘉木堂】成立 25 周年专辑《选中之选 —— 明式家具集珍》出版。 （*A Choice Collection – Chinese Ming Furniture* by Grace Wu Bruce）	桌类 48 页
2012	10 月：【嘉木堂】在香港会议展览中心，苏富比秋拍场地举办"嘉木堂呈献攻玉山房黄花梨精选"展览。 展览图录同步出版。	
	11 月：邓雪松著《贞穆堂明清家具撷珍》杨波收藏，在北京出版。	
	马科斯·弗拉克斯著《中国古典家具》在纽约出版。是 2011 年同名限量发行三百本的再版。（*Classical Chinese Furniture* by Marcus Flacks, a new edition of the limited edition published the previous year）	
2013	9 月：中国国家博物馆举办"大美木艺 —— 中国明清家具珍品"展览，启动家具专馆。	

时间	事件	书内正文述及位置
2014	2 月 : 两依藏私人博物馆在香港开幕。	
	3 月 :【嘉木堂】在香港出版《器美神完 —— 明式家具精萃》。(*Sublime & Divine – Chinese Ming Furniture* by Grace Wu Bruce)	桌类 48 页
	3 月～ 4 月 : 今日美术馆、中国嘉德与【嘉木堂】在北京合办"选中之选 器美神完 — 嘉木堂呈献明式家具精品 纪念王世襄先生诞辰百年"展览。 同名展览收藏本同步出版。	桌类 48 页
	5 月 : 中国嘉德在北京举办"器美神完 —— 嘉木堂藏明式家具精品"专场拍卖。	市场价值 304 页
	7 月 : 吕章申主编《中国国家博物馆古代艺术系列丛书 大美木艺 —— 中国明清家具珍品》在北京出版。	
	9 月～ 10 月 : 中国嘉德与【嘉木堂】在北京 798 艺术区合办"7 间房 嘉木堂明式家具现代生活空间暨王世襄先生纪念室"展览。 同名展览图录同步出版。	炕桌案类 89 页
1983 至 **2014**	文中述及其他大小事	椅类 119 页 椅类 123 页 杌凳类 171 页 箱橱柜格类 223 页 床榻类 243 页 床榻类 249 页 其他类 279 页

附录一　图版检索

		名称	材料	尺寸（厘米）	收藏者	页码
香几类		四足无束腰马蹄足 小方香几	黄花梨	36.8×36.8 高 82.7	意大利 帕多瓦（Padova） 霍艾博士	14 页
		影木面四足高束腰 霸王枨长方香几	黄花梨	46×32.4 高 70.2	香港 私人藏品	15 页
		四足高束腰三弯腿 带托泥长方香几	黄花梨	40.6×38.1 高 73.5	美国 洛杉矶艺术博物馆 借展品	16 页
		影木面四足有束腰 带托泥方香几	黄花梨	59.2×59 高 84.3	香港 私人藏品	17 页
		四足有束腰八方高香几	黄花梨	50.5×37.7 高 103.3	香港 私人藏品	18-19 页
		五足圆高香几	黄花梨	面径 38.2 肩径 48.5 高 106	北京 杨耀教授旧藏	20-21 页
		影木面四足无束腰 霸王枨带托泥长方香几	黄花梨	80×48.2 高 79.8	意大利 帕多瓦（Padova） 霍艾博士	22 页
桌类	方桌	一腿三牙八仙桌	黄花梨	105.7×105.5 高 87.8	比利时 布鲁塞尔 私人藏品	25 页
		一腿三牙八仙桌	黄花梨	93.5×93.3 高 86.4	香港 攻玉山房	26 页
		一腿三牙八仙桌	黄花梨	99.7×98.7 高 83.6	英国 伦敦 业界	27 页
		一腿三牙六仙桌	紫檀	85×85.3 高 82.5	比利时 布鲁塞尔 侣明室旧藏	28 页
		棋桌	黄花梨	90.9×90.9 高 84.8	北京 私人藏品	29 页
		攒牙子八仙桌	黄花梨	99×99 高 80.8	丹麦 哥本哈根 丹麦艺术及设计博物馆	30-31 页
		有束腰马蹄足霸王枨 八仙桌	黄花梨	97.9×97.6 高 80.8	青岛 私人藏品	32 页
	半桌、条桌	有束腰马蹄足半桌	黄花梨	95.4×47.4 高 86.7	江阴 私人藏品	33 页
		壶门式牙条马蹄足半桌	黄花梨	99.1×58.4 高 88	北京 中国国家博物馆	34 页
		卷草纹石面半桌	黄花梨	94.3×57.5 高 86.2	南非 开普敦 私人藏品	35 页
		有束腰马蹄足半桌	黄花梨	92×46 高 78	北京 私人藏品	36-37 页
		有束腰壶门牙条 内卷球足半桌	黄花梨	90.9×42.3 高 83.7	美国 前加州中国古典家具 博物馆旧藏	38 页
		裹腿做罗锅枨半桌	黄花梨	96×50.8 高 87.6	英国 伦敦 业界	39 页
		有束腰炕桌展腿式半桌	黄花梨	105×63 高 83.9	湖州 私人藏品	40 页
		四面平琴桌	黄花梨	114.2×45.2 高 85.8	香港 伍嘉恩女士	41-42 页
		四面平霸王枨书桌	黄花梨	145.5×61 高 82.3	台北 陈启德先生	43 页
		裹腿做双套环卡子花条桌	黄花梨	111×51.5 高 82.5	加拿大 蒙特利尔 私人藏品	44 页
		裹腿做矮老条桌	黄花梨	150×66 高 87.6	香港 嘉木堂	45 页
		高罗锅枨画桌	黄花梨	173.1×77.7 高 81.5	三亚 私人藏品	46 页
		四面平罗锅枨马蹄足 长条桌	黄花梨	208.5×57.2 高 88.4	北京 私人藏品	47 页
		高束腰霸王枨马蹄足条桌	黄花梨	196.5×59 高 81.5	美国 西雅图 私人藏品	50 页
		独板翘头霸王枨条桌	黄花梨	198.6×45.8 高 88.9	香港 私人藏品	52 页

		名称	材料	尺寸(厘米)	收藏者	页码
案类	夹头榫平头案	瓜棱腿夹头榫平头案	黄花梨	191.2×59.7 高 84.3	美国 西雅图 私人藏品	55 页
		夹头榫小平头案	黄花梨	81.5×40.6 高 77.7	西班牙 马德里 私人藏品	55 页
		夹头榫画案	黄花梨	186.5×76 高 81.3	美国 纽约 大都会艺术博物馆	56 页
		夹头榫小画案	黄花梨	122.1×73 高 85.1	英国 牛津郡 私人藏品	57-58 页
		夹头榫小画案	黄花梨	122×73.8 高 85.3	英国 牛津郡 私人藏品	57-58 页
		夹头榫带屉板小平头案	黄花梨	70.1×38.6 高 80	英国 威尔特郡 私人藏品	59 页
		夹头榫卷云纹牙头平头案	黄花梨	159.7×70.3 高 84.9	北京 私人藏品	60 页
		夹头榫云纹牙头平头案	黄花梨	192.6×52.4 高 78.8	香港 嘉木堂	62 页
		折叠式小画案	黄花梨	106.7×67 高 86.8	香港 私人藏品	63 页
	夹头榫翘头案	夹头榫独板面龙纹档板翘头案	黄花梨	288×37.5 高 95	德国 杜塞尔多夫(Düsseldorf)私人藏品	64 页
		夹头榫独板面云纹档板带托子翘头大案	铁力木	343.5×50 高 89	北京 故宫博物院	65 页
		活榫结构灵芝纹带托子独板翘头案	黄花梨	216.5×44.5 高 82.5	北京 中国文物信息咨询中心	66-67 页
		灵芝纹档板带托子小翘头案	黄花梨	94.3×38.7 高 79.7	美国 芝加哥 私人藏品	68 页
		夹头榫带托子翘头案	黄花梨	230.6×48 高 80.2	北京 私人藏品	69-70 页
		夹头榫带托子翘头案	黄花梨	179×41.6 高 83.4	荷兰 海牙 私人藏品	71 页
		独板面翘头案	黄花梨	183×37.8 高 84.3	香港 嘉木堂	71 页
	插肩榫平头案	插肩榫酒桌	黄花梨	89.9×57.1 高 76.8	菲律宾 马尼拉 私人藏品	72 页
		插肩榫酒桌	黄花梨 铁力木	92×43.2 高 80.6	北京 私人藏品	73 页
		绿纹石插肩榫酒桌	黄花梨	95×58.5 高 85.5	南非 开普敦 私人藏品	73 页
	架几案	独板架几案	黄花梨	291.2×40 高 88.3	三亚 私人藏品	74-75 页
		独板架几平头香案	黄花梨	452.5×56.5 高 93	北京 私人藏品	76-77 页
炕桌、炕案、炕几类	炕桌	有束腰三弯腿螭虎龙纹炕桌	黄花梨	92.5×59.2 高 30.2	香港 嘉木堂	82 页
		有束腰三弯腿炕桌	黄花梨	95.5×66 高 26.7	比利时 安特卫普 私人藏品	82 页
		有束腰齐牙条大炕桌	黄花梨	103.3×68 高 31.6	巴西 圣保罗 私人藏品	83 页
		有束腰三弯腿炕桌	黄花梨	88.7×61.4 高 29.7	瑞士 苏黎世 私人藏品	84 页
		有束腰马蹄足炕桌	黄花梨	97.2×62.5 高 29	北京 私人藏品	85 页
		鼓腿方炕桌	黄花梨	76.8×76.5 高 27.7	比利时 布鲁塞尔 私人藏品	85 页
		有束腰三弯腿叶纹卷球足小炕桌	黄花梨	44.5×32 高 21.5	菲律宾 马尼拉 私人藏品	86 页
		有束腰三弯腿折叠炕桌	黄花梨	72.5×48 高 28	美国 纽约 云外楼	87 页
	炕案	折叠炕案	黄花梨	85×41.7 高 25.8	香港 攻玉山房	88 页
		独板翘头炕案	黄花梨	131×34 高 30	北京 业界	89-90 页
	炕几	透雕灵芝纹炕几	黄花梨	96.7×32.5 高 43.3	香港 攻玉山房	91 页
		琴几	紫檀	162×45.5 高 35.5	台北 陈启德先生	92 页

		名称	材料	尺寸（厘米）	收藏者	页码
椅类	圈椅	螭纹开光圈椅	黄花梨	60.7×47 高 100	法国 巴黎 私人藏品	95 页
椅类	圈椅	大素圈椅	黄花梨	63×49.3 高 106	香港 嘉木堂	96 页
椅类	圈椅	攒靠背扶手连鹅脖圈椅	红木	59.3×48 高 88.4	比利时 布鲁塞尔 私人藏品	97 页
椅类	圈椅	透雕龙纹开光圈椅	黄花梨	59.6×46.4 高 100.7	香港 攻玉山房旧藏	98-99 页
椅类	圈椅	团螭纹圆开光圈椅	黄花梨	60×45.6 高 101	北京 私人藏品	100 页
椅类	圈椅	素圈椅成对	黄花梨	60×47 高 100.5	美国 西雅图 私人藏品	101 页
椅类	圈椅	小圈椅成对	黄花梨	55.5×42.6 高 86.5	美国 贝弗利山 私人藏品	102-103 页
椅类	圈椅	攒靠背圈椅成对	黄花梨	61.6×43.9 高 91.8	英国 伦敦 私人藏品	104-105 页
椅类	官帽椅	四出头官帽椅成对	黄花梨	57.5×46.2 高 115.1	香港 私人藏品	106 页
椅类	官帽椅	四出头官帽椅成对	黄花梨	57×44.7 高 110.5	南非 开普敦 私人藏品	107-109 页
椅类	官帽椅	四出头雕螭纹官帽椅成对	黄花梨	58.8×45.5 高 110	比利时 布鲁塞尔 侣明室旧藏	110 页
椅类	官帽椅	方材四出头官帽椅	黄花梨	60.7×47.8 高 115.2	香港 攻玉山房	111 页
椅类	官帽椅	四出头官帽椅	黄花梨	52×51 高 91	香港 嘉木堂	112 页
椅类	官帽椅	攒靠背四出头官帽椅	黄花梨	57.1×49.7 高 110.5	香港 私人藏品	113 页
椅类	官帽椅	高靠背四出头官帽椅	黄花梨	59.2×47.5 高 121.5	福州 私人藏品	114 页
椅类	南官帽椅	矮靠背南官帽椅成对	黄花梨	57×43 高 88.6	美国 前加州中国古典家具博物馆旧藏	115 页
椅类	南官帽椅	南官帽椅成对	黄花梨	59.5×47.5 高 105	香港 退一步斋	116-117 页
椅类	南官帽椅	攒靠背南官帽椅成对	黄花梨	58×44.9 高 98	加拿大 蒙特利尔 私人藏品	118-119 页
椅类	南官帽椅	嵌角牙素南官帽椅	黄花梨	57.5×43.8 高 113.5	香港 攻玉山房	120 页
椅类	南官帽椅	高靠背南官帽椅成对	黄花梨	59.7×46 高 120	奥地利 维也纳 私人藏品	121 页
椅类	南官帽椅	南官帽椅四张成堂	黄花梨	59.3×45.4 高 110.5	英国 伦敦 业界	122-123 页
椅类	玫瑰椅	券口靠背玫瑰椅成对	黄花梨	59×45 高 84	美国 费城艺术博物馆	124 页
椅类	玫瑰椅	券口靠背玫瑰椅成对	紫檀	55.6×45 高 83.8	意大利 帕多瓦（Padova）霍艾博士	125-127 页
椅类	玫瑰椅	透雕靠背玫瑰椅	黄花梨	61.4×46.8 高 87.5	上海 私人藏品	128 页
椅类	玫瑰椅	波浪纹围子玫瑰椅	黄花梨	59.3×45.4 高 89.2	英国 伦敦 业界私人藏品	129 页
椅类	玫瑰椅	仿竹材玫瑰椅成对	黄花梨	57.5×46.5 高 90.5	汕头 私人藏品	130 页
椅类	玫瑰椅	直棂围子玫瑰椅成对	黄花梨	59.5×47.5 高 88.5	比利时 布鲁塞尔 私人藏品	131 页
椅类	玫瑰椅	禅椅	黄花梨	75×75 高 85.5	意大利 帕多瓦（Padova）霍艾博士	132-133 页
椅类	灯挂椅	灯挂椅成对	黄花梨	49.5×39.5 高 109	美国 前加州中国古典家具博物馆旧藏	134 页
椅类	灯挂椅	灯挂椅成对	黄花梨	51.6×41.9 高 113.7	南非 约翰内斯堡 私人藏品	135 页
椅类	灯挂椅	攒靠背灯挂椅成对	黄花梨	51.5×39.5 高 108	瑞士 苏黎世 私人藏品	136 页
椅类	灯挂椅	灯挂椅成对	黄花梨	51.7×42.5 高 99.8	比利时 布鲁塞尔 私人藏品	137 页
椅类	灯挂椅	灯挂椅成对	黄花梨	52×42 高 117	西班牙 马德里 私人藏品	138-139 页
椅类	靠背椅	攒靠背小靠背椅	黄花梨	46.5×36 高 88.5	香港 嘉木堂	140 页
椅类	靠背椅	靠背椅四具成堂	黄花梨	47.5×36.5 高 103.3	美国 纽约 私人藏品	141 页

		名称	材料	尺寸（厘米）	收藏者	页码
	交椅	圆后背交椅	黄花梨	69×46 高 98	美国 前加州中国古典家具博物馆旧藏	142-143 页
		直后背交椅	黄花梨	57.8×45.1 高 93	比利时 布鲁塞尔 侣明室旧藏	144-145 页
		交椅式躺椅	黄花梨	101.3×72.1 高 91.5	美国 前加州中国古典家具博物馆旧藏	146-147 页
	宝座	透雕云龙纹宝座	黄花梨 红木	107×72.5 高 107	中国 私人藏品	148 页
杌凳类	交杌	交杌	黄花梨	31.2×34.5 高 31.1	台北 业界	153 页
		交杌	黄花梨	65.4×47.8 高 56	美国 洛杉矶艺术博物馆借展品	154 页
		交杌	黄花梨	46×23.7 高 46.5	美国 明尼阿波利斯艺术博物馆	154-155 页
	长方凳、方凳	有束腰罗锅枨长方凳四张成堂	黄花梨	45.6×40.1 高 51.5	香港 攻玉山房	157 页
		有束腰罗锅枨长方凳成对	黄花梨	51.9×44.8 高 48.8	香港 私人藏品	158 页
		无束腰长方凳成对	黄花梨	54.5×43.5 高 51.5	香港 私人藏品	159 页
		裹腿做双套环卡子花方凳四张成堂	黄花梨	50.8×50.8 高 46.4	台北 陈启德先生	160-161 页
		裹腿做罗锅枨矮老方凳成对	黄花梨	52.5×52.5 高 48	香港 私人藏品	162 页
		仿竹材方凳成对	黄花梨	54.8×54.5 高 47.5	香港 私人藏品	162 页
		有束腰带托泥长方凳成对	黄花梨	44.3×42.2 高 51.7	菲律宾 马尼拉 私人藏品	163 页
		有束腰三弯腿长方凳	黄花梨	57.5×53.6 高 51.8	香港 私人藏品	164 页
		有束腰马蹄足长方凳	黄花梨	59.5×56 高 47.3	西班牙 马德里 私人藏品	164 页
		有束腰霸王枨方凳	鸡翅木	43.6×43.4 高 44.3	美国 费城 私人藏品	165 页
		云头角牙方凳	黄花梨	57.5×57 高 49.3	香港 私人藏品	165 页
	圆凳	独板面马蹄足圆凳	黄花梨	直径 44.1 高 46.7	香港 攻玉山房	166 页
		梅花式板面五足凳	黄花梨	42.2×42.2 高 44.5	香港 攻玉山房	166 页
		带托泥四足圆凳	紫檀	直径 38.5 高 57	台北 私人藏品	167 页
		带托泥四足圆凳	黄花梨	直径 41.6 高 49.5	美国 洛杉矶艺术博物馆借展品	167 页
	贰人凳	有束腰罗锅枨贰人凳	黄花梨	103.2×36.6 高 49.8	南非 开普敦 私人藏品	168 页
		夹头榫案形贰人凳	黄花梨	114.3×26.7 高 46.6	香港 攻玉山房	168 页
		插肩榫贰人凳	黄花梨	103×33 高 47.1	美国 洛杉矶艺术博物馆借展品	169 页
		夹头榫翘头贰人凳	鸡翅木	134×27 高 49.8	香港 攻玉山房	170-171 页
脚踏类	脚踏	脚踏	黄花梨	62.9×31.7 高 19.7	香港 嘉木堂	175 页
		脚踏	黄花梨	77.2×38.5 高 18.4	香港 嘉木堂	176 页
		石面脚踏	黄花梨	62.3×30 高 17.8	香港 嘉木堂	176 页
		长脚踏	铁力木	157.2×30.3 高 22.9	香港 攻玉山房	177 页
		独板翘头案式脚踏	黄花梨	158×24.5 高 24.5	香港 私人藏品	178 页
	滚凳	滚凳	黄花梨 乌木	77×28 高 17.7	香港 攻玉山房	179 页
		滚凳脚踏	黄花梨	60.5×48.7 高 16.5	香港 攻玉山房	180 页

		名称	材料	尺寸(厘米)	收藏者	页码
箱、橱、柜格类	衣箱	带底座衣箱	黄花梨	81×56 高 53	香港 伍嘉恩女士	183 页
		衣箱成对	黄花梨	76.4×48.8 高 45.9	北京 业界	184 页
		五爪金龙箱	紫檀	63×33.5 高 47.6	北京 私人藏品	185 页
	扛箱式柜	扛箱	黄花梨	60.3×36 高 73.2	比利时 布鲁塞尔 私人藏品	187 页
		插门式扛箱	黄花梨	60×41 高 70	香港 攻玉山房	188 页
		扛箱式柜	黄花梨	78.8×45.5 高 84	美国 印第安纳波利斯艺术博物馆 借展品	189 页
		八层抽屉扛箱式柜	黄花梨	61×36 高 77.5	瑞士 卢加诺(Lugano)私人藏品	190 页
	橱	联二橱	黄花梨	104.7×51.8 高 85.4	香港 私人藏品	191 页
		花草纹联二橱	黄花梨	111×62.3 高 86.5	美国 明尼阿波利斯艺术博物馆	192 页
		花鸟纹联三橱	黄花梨	184.5×58.5 高 85.5	北京 私人藏品	193 页
		联三闷户橱	黄花梨	190.2×51.2 高 85.4	上海 私人藏品	194 页
	架格	四层全敞架格	紫檀 楠木	62.6×33.6 高 178.1	意大利 帕多瓦(Padova)霍艾博士	195 页
		三层壸门式圈口栏杆架格	黄花梨	103.3×38.5 高 173.9	香港 攻玉山房旧藏	196-197 页
		三层全敞带抽屉大架格	黄花梨	111.2×41.7 高 190.7	美国 旧金山 私人藏品	198 页
		三层全敞带抽屉大架格	黄花梨	110.5×41 高 199.3	台北 陈启德先生	199 页
		三层围子栏杆带抽屉大架格	黄花梨	124.5×45 高 186.4	三亚 私人藏品	200-201 页
	方角柜	小方角柜	黄花梨	73.2×43 高 100	英国 伦敦 业界	202 页
		大方角柜	黄花梨	99.3×53.5 高 205.7	意大利 罗马 私人藏品	203 页
		大方角柜	黄花梨	110×63.2 高 191	意大利 帕多瓦(Padova)霍艾博士	204 页
		方角柜成对	黄花梨	87×45.1 高 173.8	香港 私人藏品	205 页
		木轴门方角柜	黄花梨	75.8×38 高 123.8	美国 弗吉尼亚州 私人藏品	206 页
		大方角柜成对	黄花梨	105×62.6 高 187	香港 私人藏品	207-209 页
	透格门方角柜	冰绽纹透格门柜	黄花梨	109.5×50 高 197.4	台北 私人藏品	210 页
		四簇云纹透格门柜成对	黄花梨	104.8×47 高 196	香港 私人藏品	211 页
	顶箱柜	大四件柜成对	黄花梨	133.1×62.5 高 259.5	美国 前加州中国古典家具博物馆旧藏	212-213 页
		顶箱带座四件柜	黄花梨	83.5×48.5 高 174.7	香港 攻玉山房	214 页

		名称	材料	尺寸(厘米)	收藏者	页码
柜	亮格柜	亮格柜	黄花梨	88.8×49.9 高 173	比利时 布鲁塞尔 私人藏品	215-216 页
		券口亮格柜成对	黄花梨	103.6×54.2 高 182.5	三亚 私人藏品	217 页
		券口栏杆万历柜	黄花梨	122.7×52.9 高 191.3	英国 牛津 私人藏品	218 页
		方角万历柜	黄花梨	111.5×53.6 高 175.5	英国 伦敦 私人藏品	219 页
	圆角柜/木轴门柜	小木轴门柜	黄花梨	74×40.6 高 112.9	美国 波士顿 私人藏品	220 页
		瘿木门木轴门柜	黄花梨	71×41 高 107.8	湖州 私人藏品	221 页
		方材木轴门柜成对	黄花梨	74.3×41.2 高 125.3	香港 伍嘉恩女士	222-223 页
		瓜棱腿大木轴门柜	黄花梨	93.3×52 高 184.2	香港 私人藏品	224-225 页
		有柜膛大木轴门柜	黄花梨	90.1×49.5 高 179.8	上海 私人藏品	226 页
		带座木轴门柜成对	黄花梨	80.5×47 高 186	香港 攻玉山房	227 页
		四抹透格门木轴门柜	黄花梨	98×45.5 高 170.5	北京 业界	228 页
床榻类	榻	有束腰马蹄足榻	黄花梨	210×77.4 高 53.4	美国 明尼阿波利斯艺术博物馆	233-235 页
		无束腰马蹄足榻	黄花梨	213×62.6 高 53.1	瑞士 韦尔毕耶(Verbier) 私人藏品	236 页
		有束腰壶门牙子三弯腿榻	黄花梨	222.9×89.5 高 51.1	新加坡 私人藏品	236 页
		案形榻	黄花梨	167.3×67.8 高 50.5	南非 开普敦 私人藏品	238 页
	罗汉床	独板围子马蹄足罗汉床	黄花梨	203×90.2 高 73.7	北京 私人藏品	239 页
		透雕围子三弯腿罗汉床	黄花梨	208.3×104.1 高 81.3	美国 波士顿美术馆 借展品	240 页
		攒接万字纹围子直足罗汉床	黄花梨	206.5×90.9 高 79.1	香港 私人藏品	241 页
		五屏风攒边装理石围子罗汉床	黄花梨	198.5×90 高 98.7	香港 私人藏品	242-243 页
	架子床	四柱品字纹围子架子床	黄花梨	220.8×138.4 高 197	香港 伍嘉恩女士	244-245 页
		六柱螭虎龙寿字纹围子架子床	黄花梨	226.1×156.2 高 226	美国 前加州中国古典家具博物馆旧藏	246-247 页
		六柱灵芝纹围子架子床	黄花梨	194.4×111.5 高 198.5	香港 私人藏品	248-249 页
		六柱攒斗四簇云龙纹围子架子床	黄花梨	218.5×148.6 高 227	香港 私人藏品	250 页

		名称	材料	尺寸（厘米）	收藏者	页码
其他类	面盆架	六足折叠式矮面盆架	黄花梨	42.5×38.1 高 70.6	上海 私人藏品	253-254 页
		六足折叠式矮面盆架	黄花梨	42.5×36.3 高 69.4	美国 明尼阿波利斯艺术博物馆	255 页
		螭纹六足高面盆架	黄花梨	44×38.2 高 168.5	美国 芝加哥 私人藏品	256 页
		灵芝卷草花叶纹六足高面盆架	黄花梨	55×48 高 178	美国 前加州中国古典家具博物馆旧藏	257 页
	衣架	棂格中牌子衣架	黄花梨	141.5×33.5 高 162	香港 攻玉山房	258-259 页
		灵芝纹中牌子衣架	黄花梨	186×52.5 高 185	香港 攻玉山房	260-261 页
	灯台	三足固定式灯台	黄花梨	长 33 高 162	美国 前加州中国古典家具博物馆旧藏	262-264 页
		升降式灯台成对	黄花梨	21.9×27.8 高 122	香港 攻玉山房	265 页
	火盆架	长方矮火盆架	黄花梨	55.5×37.8 高 16	香港 私人藏品	266 页
		圆高火盆架	黄花梨	直径 48 高 61.9	香港 攻玉山房	267 页
	琴架	折叠式琴架	黄花梨	90×32.5 高 81	香港 私人藏品	268 页
	屏风	螭纹插屏式座屏	紫檀	65×36.5 高 110.2	香港 业界	269 页
		五抹十二扇围屏	黄花梨	648×2.7 高 305	香港 嘉木堂	270-271 页
	案头家具	插屏式案屏	黄花梨	53.8×30.8 高 73.5	台北 陈启德先生	272 页
		镶大理石案屏	黄花梨	56.3×32.7 高 62	香港 攻玉山房	273 页
		镶大理石砚屏	黄花梨	24.7×12.5 高 23.7	香港 攻玉山房	274 页
		小箱子	黄花梨	38.1×22.4 高 15.4	北京 私人藏品	274 页
		小箱子	黄花梨	40×22.2 高 14.9	香港 嘉木堂	275 页
		官皮箱	紫檀	40×32.5 高 35.5	香港 私人藏品	276 页
		影木盝顶官皮箱	黄花梨	38.7×29.7 高 40.8	上海 业界	277 页
		雕人物鋈金铜件官皮箱	黄花梨	39.1×32.1 高 37	香港 攻玉山房	277 页
		药箱	黄花梨	36.8×26.6 高 36	香港 嘉木堂	278-279 页
		镜架	黄花梨	46.3×45.7 高 40	香港 嘉木堂	280 页
		折叠式镜台	黄花梨	33×33 高 18.5	江阴 私人藏品	281 页
		五屏风式镜台	黄花梨	50×28 高 67	济南 私人藏品	282 页
		宝座式镜台	黄花梨	37×20.4 高 48.5	美国 明尼阿波利斯艺术博物馆	283 页
		天平架	紫檀	69.7×33.5 高 76.5	菲律宾 马尼拉 私人藏品	284 页
		天平架	黄花梨	62.2×22.8 高 77.5	台北 私人藏品	285 页
		八宝嵌银丝两撞提盒	黄花梨	30.5×20 高 21.6	香港 私人藏品	286 页
		四撞提盒	黄花梨	37.5×21.3 高 37	北京 私人藏品	287 页
		轿箱	黄花梨	74.5×18.5 高 14	北京 私人藏品	288 页
		门楼式神龛	黄花梨	24.4×23.6 高 44	香港 私人藏品	289 页
		圆神龛	黄花梨	直径 22 高 36.5	香港 伍嘉恩女士	290 页

附录二　构件名称及榫卯图索引

附录三　明式家具复兴之路

明末清初文学家张岱在其著作《陶庵梦忆》[1]中的“仲叔古董”一节说到：

葆生叔少从渭阳游，遂精赏鉴。…… 癸卯，道淮上，有铁梨木天然几，长丈六、阔三尺，滑泽坚润，非常理。淮抚李三才百五十金不能得，仲叔以二百金得之，解维遽去。淮抚大恚怒，差兵蹑之，不及而返。

葆生是张尔葆[2]，字葆生，松江人，时为江南首屈一指的大藏家，是陈洪绶的岳父。而癸卯就是万历三十一年，即公元1603年。

铁力木天然几价值二百金，淮抚更为其出兵追索，可见当时硬木家具之珍贵，以及官民均致力追求的状况。

文献中最能提供晚明苏松地区家具情况的要选范濂（1540～?）《云间据目抄》中的一段：

细木家伙，如书桌禅椅之类，余少年曾不一见。民间止用银杏金漆方桌。自莫廷韩与顾、宋两家公子，用细木数件，亦从吴门购之。隆、万以来，虽奴隶快甲之家，皆用细器，而徽之小木匠，争列肆于郡治中，即嫁妆杂器，具属之矣。纨绔豪奢，又以椐木不足贵，凡床橱几桌，皆用花梨、瘿木、乌木、相思木与黄杨木，极其贵巧，动费万钱，亦俗之一靡也。尤可怪者，如皂快偶得居止，即整一小憩，以木板装铺，庭蓄盆鱼杂卉，内则细桌拂尘，号称书房，竟不知皂快所读何书也[3]。

细木家具可以理解为木材致密的硬木家具。这一段文字充分说明其时贵重家具的兴盛与时尚，以及社会风气已普遍讲究

家具陈设。

从大量传世明式家具实例均为黄花梨木制推断，明晚期崇尚线条流畅，色泽温润淡雅的黄花梨家具是不争之事。这个风气清初期间起了变化。自清中期，颜色深沉并重雕饰的家具代替了黄花梨成为主流。故宫各宫殿陈置的硬木制家具大部份是紫檀，红木造。颐和园更存有被染深色充当紫檀的黄花梨家具。清末民国时期在京城有记录收藏家具如清宗室红豆馆主溥侗溥西园[4]，曾为袁世凯担任总管的郭葆昌郭世五，三秋阁关冕钧关伯衡[5]，他们收藏的家具都是紫檀。最负盛名的萧山朱氏，朱文钧朱幼平的丰富收藏七十余件部份已捐献国家，现存避暑山庄。在朱家溍先生（1914~2003年）的记录中，除了一具清式嵌楠木黄花梨宝座与卷足榻[6]，其余全部是紫檀、红木造，又以紫檀为主。上世纪前叶北京重紫檀，贱花梨的情况十分明确。

格雷斯·斯滕

当国人崇尚色泽深沉，雕饰繁缛以紫檀为代表的清代家具，明式黄花梨家具的简洁，优美线条与温润清雅就悄悄地吸引了居住在京城的外籍人士。其中不少人家中更满布硬木古典家具。四方八面来华的旅客、商人、学者等接触到明式家具之后也不由为其高品质赞叹。

雷戈·诺曼－威尔科克斯

1934年，格雷斯·斯滕女士（Grace Steen）与洛杉矶博物馆装饰艺术品部主任雷戈·诺曼-威尔科克斯（Gregor Norman-Wilcox）结成连理。斯滕女士对中国文化深感兴趣并曾赴中国购买古董文物。她对明式家具的钟情影响了丈夫，导致他1942年在馆内举办了突破性的明式家具展览[7]。这是有史以来明式家具首次以艺术品的角色出现于博物馆。

从清代的沉寂，到上世纪前叶被发现，至其艺术品的研究并收藏价值被西方认同，这过程中有几位关键性的人物。

德国人古斯塔夫·艾克（1896~1971年）（Gustav

Ecke）与中国的渊源颇深。先后在福建厦门大学，北京辅仁大学任教26年。艾克研究中国艺术，哲学，历史以及建筑。从石造建筑的考古勘察，开始研究木造建筑，进而注意到木制家具，尤其专注硬木家具。1944年出版了*Chinese Domestic Furniture*《中国花梨家具图考》。这是第一部关于明式家具的专著，将明式家具作为一个独立的艺术门类介绍给全世界。艾克的研究成就奠定了我国家具艺术在国际上的地位。书中含多幅精确测量数据的剖面图，以及榫卯结构图。虽然尚未形成系统与定名，但此严谨的科学式勘察方法，指导了后来者研究工作的方向。1949年艾克博士携夫人曾佑和（又名幼荷，1925~）赴夏威夷出任檀香山艺术学院中国美术馆馆长，带动了本地收藏中国艺术品，特别是明式家具的风潮，让檀香山馆藏加上本地私人收藏在1952年时已足够在馆中举办展览。室内设计师罗伯特·安斯特（Robert Ansteth）自1950至1970年间经香港购入硬木家具，不仅供应本地收藏团体，更迎来了美国大陆多家博物馆馆员，以及业界行家，来檀香山选购明式家具。中国明式家具艺术就这样循着檀香山向美国大陆传播[8]。

古斯塔夫·艾克

家具圈中人都熟知艾克博士。相对罗伯特与威廉·德拉蒙德兄弟（Robert & William Drummond）就鲜为人知。然而在上世纪明式家具被再发现的时候，德拉蒙德兄弟的作用尤为关键。上世纪30年代的北京，着唐装、住四合院、讲中国话的德拉蒙德兄弟，四出搜罗明式家具。兄弟俩从美国伊利诺州来华，经商是目标之一。特别活跃于明式家具的买卖。艾克不少家具就购自德拉蒙德兄弟。其《中国花梨家具图考》中更说明："书中家具以及不少京城（外籍人）家居所藏的家具，都得力于德拉蒙德兄弟。"[9]1946年威廉借了三十多件，大部份是黄花梨木制家具给巴尔的摩艺术博物馆做专展"中国17至18世纪家具"。德拉蒙德兄弟也把家具销往国外。他们的

威廉·德拉蒙德

亚瑟·姆·赛克勒

商业活动，让明式家具得以在富商巨贾、博物馆界以及居住北京外籍人之间流通。1949年威廉回到美国继续经营明式家具，并与迁居于香港的兄长罗伯特推出用泰国柚木仿制的王朝（Dynasty）牌中式家具。威廉更当上美国极负盛名的艺术品收藏家亚瑟·姆·赛克勒（Arthur M. Sackler）的收藏顾问。赛克勒购入多批黄花梨家具，部份现存放华盛顿史密森博物院·赛克勒美术馆，部份为赛克勒后人拥有，偶尔在国际拍卖行出现。

乔治·凯茨

还有一位推介明式家具给更多人认识与欣赏的美国人乔治·凯茨（1895~1990年）（George N. Kates），凯茨是语言家，年少已通英、法、德、西班牙语。不仅中文流利，还可书写汉字，对中国文化比一般外籍学者有更深的体会。在他居住北京的七年中（1933至1941年），同一时期艾克博士，德拉蒙德兄弟也居住在北京的同时，凯茨建立了十分可观的明式家具收藏。1937年冬，凯茨的姐妹阿特丽斯·凯茨女士（Beatrice Kates）与她的英籍朋友罗林·比伯女士（Caroline F. Bieber）从众多居住于北京的外籍朋友家中挑选了她们喜欢的112件明式家具，进行测量并拍照。初衷只是想留为纪念，后来萌生了出版一本手册的意念[10]。十年后当凯茨回美国出任布鲁克林博物馆亚洲艺术部主任时，就促成了*Chinese Household furniture*《中国家居家具》的出版。1946年凯茨在博物馆举办了一场规模可观的明式家具展览[11]，共35件。之后部份展品分别入藏费城艺术博物馆及克利夫兰艺术博物馆。

劳伦斯·史克门

上世纪90年代前，最具规模地展示明式家具首选美国中部小城堪萨斯市内一座著名的博物馆。纳尔逊·阿特金斯艺术博物馆，以丰富多彩的东方艺术品在全美国享有盛名。原馆长劳伦斯·史克门（1907~1988年）（Laurence Sickman）

是博物馆界传奇人物。青年求学居住北京时期（1930~1935年）已兼职阿特金斯博物馆买办[12]。这段时期，前文提及的三位也在北京。馆中更早在1966年已辟专室陈设丰富的明式家具系列精品收藏，包括迄今还是公开发表资料中传世孤例的明代黄花梨拔步床（见书中225页图）。纳尔逊艺术博物馆直至今天还是明式家具热衷人的朝圣之地。

这几位关键性的人物让美国博物馆界及展览参观者认识到明式家具的优越，及其作为艺术品的收藏价值。

约翰·阿迪斯

明式家具不单只出现在美国。英国外交官约翰·阿迪斯爵士（1914~1983年）（Sir John Addis）也把他收藏的中国艺术品包括黄花梨家具借展或捐赠给大英博物馆，以及英国国立维多利亚与艾尔伯特博物馆[13]。

伍嘉恩藏品

1949年中国政治巨变，外国使节及旅居中国之外籍人士纷纷撤离北京。伴随他们出国的明式家具，之后也有不少出现于欧洲各国博物馆，例如巴黎吉美亚洲艺术博物馆、德国科隆东亚艺术博物馆、柏林东亚艺术博物馆、斯图加特林登博物馆和哥本哈根丹麦艺术及设计博物馆等。

全球不少博物馆展示明式家具，更有学者与收藏家的专著相继问世，这就引导、启发了更多的人对于中国明式家具是艺术收藏品的观念。笔者受到这风气感染，开始踏上收藏之路。更有幸遇上原美国外交官石博思（1906~1977年）（Philip D Sprouse）驻华时收藏的优美黄花梨木轴柜成对，收蓄后放置家中至今。

安思远

纽约著名亚洲文物古董商人安思远（1929~2014年）（Robert Hatfield Ellsworth）在上世纪60年代开始经营明式家具。1971年的著作*Chinese Furniture: Hardwood Examples of the Ming and Early Ching Dynasties*《中国家具：明至清前期硬木例子》在当时被认为是突破性的出版。安思远活跃于政商界名

杨耀

陈增弼

陈梦家

流社交圈，在国际特殊小圈子内掀起明式家具的收藏热潮。

在同时期内，相对西方对中国明式家具艺术的肯定，中国人本身还未意识到其重要性，导致在研究、收藏明式家具领域留名之人寥寥可数。1934年在北京协和医院任建筑师的杨耀（1902~1978年），当上古斯塔夫·艾克的助手。艾克教授是中国建筑研究会研究员，参与几项中国石造建筑的考古勘察，杨耀先生协助其对北宋、辽、金石塔测量以及结构绘图等工作[14]。其后，艾克开始研究木造建筑，进而关注木制家具，尤其是硬木制明式家具，这样杨耀教授就成为了华语世界研究明式家具第一人。

1962年杨耀教授受任北京工业建筑设计院的家具研究总建筑师，而清华大学建筑系的毕业生陈增弼先生（1933~2008年），就被配备为杨耀先生的助手[15]。陈增弼先生后任中央工艺美术学院（清华大学美术学院前身）教授，更延续了杨耀教授研究明式家具的兴趣与工作。这是后话。

上世纪前半叶，记录中最早收藏明式家具的是集诗人、古文字学家、考古学家、青铜器鉴赏家于一身的陈梦家先生（1911~1966年）。1947年从美国回清华大学授课，就开始到北京城里的古旧家具店寻觅称心的家具。在其1948年写给远在异国他乡的妻子赵萝蕤的家书中记录了他购买到的明代小方桌、黄花梨八仙桌、黄花梨橱柜等的情形[16]。据朱家溍先生回忆，王世襄先生（1914~2009年）1949年从美国回国后，也开始骑着单车到处看家具[17]。后半叶，收藏明式家具行列名字有所添增，但还是屈指可数：建筑界知名人士金瓯卜先生[18]（1919~2012年），著名画家黄胄（1925~1997年）等，当然还有王世襄先生。

文博大家王世襄先生融会三十多年的收藏经验，广泛调查，鉴藏优秀精品，通过实物考察逐步积累的知识，以及一丝不苟的整理古籍所得，撰写了《明式家具珍赏》与《明式家具研究》[19]两部巨著。香港三联书店1985年举办《明式家具珍赏》首发仪式，同时组织了小型明式家具展览。展出十组黄花梨明式家具和几件案头木器。其中六组是笔者从英国，美国各地购买运回香港家中的圈椅、平头案、画桌、南官帽椅、炕几与圆角柜，借出是次展览。王先生在文博收藏界享有盛名，香港各界名人包括资深古董收藏家，皆于当日倾巢而出参加出版开幕礼。而众多中国古董收藏家嘉宾中，尽管对于瓷器、书画、玉器等多类艺术品早已具有丰富的见识，但大部份还是首次接触黄花梨明式家具，无不被其优美造型所震撼。而仅十组家具小型展览即受到“大开眼界”的好评[20]。

王世襄

伍嘉恩

《明式家具珍赏》及《明式家具研究》的面世影响深远。著作循古代历史、文献、艺术、民俗各方面加上实物考察，探索木工技法，全面研究明式家具。著作内含绘画线图，解读家具内部精准细密的榫卯结构。更以严谨科学的方法，整理了匠师口语中的名词、术语，建立标准规格，准确地表述传统家具的榫卯体系，开拓出一个全新的鉴赏、收藏以及学术研究领域。这两项设定规格的工作艰巨且漫长，意义重大。没有榫卯结构知识，研究只能停留在外观的审美。欠缺榫卯名称的言语体系，明式家具研究便无法被纳入学术领域。传承只能如古代，靠匠师世代口传身授。也正是这规格的设定，让后来的系列化收藏有据可依。

《珍赏》广受大众欢迎，也带动了从业者全国搜索明式家具。大量传世实例涌现市场，几乎悉数运往香港，造就香港自1986年始并延续了近廿年黄花梨家具之都的一段历史。在这个时势变迁下，笔者创办了【嘉木堂】，由纯粹私人收藏转型为开始经营明式家具。古董街的黄花梨家具买卖也活跃起来，新旧店铺，纷纷加入老行尊北京人黑洪禄先生（1933~）营

黑洪禄

叶承耀

罗伯特. 伯顿与王世襄

运已久的古典家具生意。黑氏1949年从北京到香港在亲戚古玩店工作，1970年自立门户，主要经营木器家具[21]，并与美国古董商安思远联盟，推销明式家具。笔者在上世纪80年代初作为私人藏家时也是黑先生的客户。

业界的运作，影响了收藏界的意愿。香港的古董收藏家，无论原来主要的收藏项目是什么，此后都或多或少给予黄花梨家具以关注。从只能凑够十组举办小展览的1985年，短短几年间，一家藏有几十件明式家具的已大有人在。例如徐展堂先生（1941~2010年），在其香港第一家私人艺术馆内就布置了一间黄花梨展室。叶承耀医生（1933~）收集到的六十多件也在1991年于中文大学文物馆举办展览[22]。叶医生继续壮大收藏，历年与亚洲、欧、美多家博物馆合办的专题家具展览，至今达十多个。

这个年代的香港更是全球最重要的中国文物集散地，无论规模大小世界各国博物馆的中国艺术部主管、文物商人，甚至中国古董收藏家，必会定期到香港寻宝。这样香港业界就再激发了欧美收藏界对明式家具的热情，更成就了多家博物院辟专室展示明式家具，例如明尼阿波里斯艺术中心、波士顿美术馆。在加州，北距旧金山约二百公里的文艺复兴镇（Renaissance），一个崇尚艺术的团体，在其创办人罗伯特·伯顿（1939~）（Robert Burton）领导下更于1988年成立了环球第一家中国古典家具博物馆。丰富的收藏差不多悉数购自香港业界。馆方创办中国古典家具学会，编纂出版会刊，致力每季刊登各界学者明式家具研究文章，报导相关展览活动，重刊上世纪家具学者发表的文章，在当时成为了家具人必读的刊物。王世襄先生、笔者及安思远，都曾经担任学会会刊之顾问[23]。

这个中国家具热，也包括或大或小的展览及研讨会的进行。笔者的【嘉木堂】自1993年始，在世界艺术都市包括伦敦、巴黎、纽约、荷兰马斯特里赫特、瑞士巴塞尔、新加坡、香港、北京等地举办展览四十多次，着力提升明式家具成为国际级艺术收藏品的价值与地位。

这个家具热，也蔓延到国内。居住在北京的家具研究学者、鉴赏收藏家，王世襄、朱家溍、白雪石、邓友梅、舒乙、杨乃济、金瓯卜、田家青、张德祥等二十多人，于1990年成立了中国古典家具研究会，并出版会刊。翌年与文物商店在北京智化寺合办“古典家具展览”。同年，陈增弼先生发起的中国明式家具学会，在北京贵宾楼饭店举办了国际学术研讨会。

自1985年始全球或大或小的相关明式家具展览，书籍出版，研讨会等，大部份都在此书中之大事记内列出（308~314页），不再赘述。

以下略谈几宗在中国发生甚具影响力的大事：

中国博物馆首辟专室常态展出明式家具：

1993年，上海博物馆新厦在修建中，香港庄贵仑先生筹划用捐献文物，开辟展馆之方式报效。机缘巧合，王世襄先生对多年个人收藏，全部收录于《明式家具珍赏》内七十九件明式家具的期盼，正是由公家博物馆保管陈列，让其不致流离分散，且可供人观赏研究[24]。遂割爱出让。上海博物馆1996年新馆落成，赫然出现一列当时全国博物馆前所未见的明式家具专室，独据一方，展陈王世襄先生旧藏之明式家具。

庄贵仑与伍嘉恩

民营私人家具博物馆成立：

二十世纪末期北京青年作家马未都（1955~）以收藏红木家具为起点[25]，发展至1997年在琉璃厂西街创办观复古典艺术

马未都

故宫永寿宫 2006 年
“永恒的明式家具” 展览开幕

谢小铨

博物馆，对外开放展示明清家具。其后辗转搬迁至颇有规模的朝阳区现址，展品更由家具扩展至包括陶瓷、油画、门窗、工艺品等。2008年马氏在中央电视台《百家讲坛》节目中说收藏，对古典家具收藏文化在中国民间的普及，影响甚大。

北京故宫博物院举办专题明式家具展览:

笔者参与策划 “永恒的明式家具” 展览[26]，2006年4月在故宫永寿宫展出比利时侣明室的藏品。参观者众多。不少人更是首次亲睹明式家具真身。北京媒体包括电视、报纸和杂志广泛报导是次展览，赞扬我国家具的高水准工艺，提高受众认识中的收藏价值。

中国国家博物馆首次展示明式家具:

2006年6月10日是中国首个 “文化遗产日”，中国国家博物馆在北京天安门南侧馆内举办 “文化遗产日特别展览” 展出从全国文物博物馆单位珍贵藏品中精选出一百多件套文物，目的是系统地反映近年来文化遗产保护显著成果。展品包括多组精美黄花梨家具。明式家具能登大雅之堂展出于中国国家博物馆 （前身为中国历史博物馆），相信是第一次。2004年中国文物信息咨询中心开始征集明式家具。咨询中心代表国家文物局与财政部实施 “国家重点珍贵文物征集” 政府工作专案，而明式家具能跻身于传统古代书画、瓷器、青铜器之列，首次成为国家收藏目标，与咨询中心主任谢小铨不无关系。谢小铨主任是国家博物馆派往中心工作的专家，也研究家具，认定明式家具是中国文化遗产重点之一。令官方关注明式家具收藏领域，并将其列入国家文化遗产的功德，后人自有定论。

同年年底国博更举办 “简约 · 华美: 明清家具精品展” 的专题展览[27]，成为闭馆重建前的最后一个展览，反映当代中国官方对家具艺术的重视。21世纪迎来了官民共赏黄花梨的格局，仿佛回到明代晚期淮抚李三才与葆生叔都宝天然几的光景。

中国嘉德举办明式家具专场拍卖：

随着中国经济起飞，人民富庶起来，开始关注并投入艺术品收藏，拍卖行崛起如雨后春笋，民间收藏活动遍地开花。资历深并信誉好的中国嘉德国际拍卖有限公司，在2010年秋季始举办家具专拍，以黄花梨家具为主，把明式家具作为一个独立的艺术品门类介绍给收藏界，是国内首个大型的明式家具商业销售活动。其后每季举办专拍。2011年春季推出“读往会心——侣明室藏明式家具”在恭王府先展览后上拍，尤为轰动[28]，主导了明式家具市场回归本土。

中国国家博物馆明式家具馆成立：

癸巳（2013年）盛夏，中国国家博物馆筹划多年的家具馆即将登场，馆长吕章申率领的团队正密锣紧鼓地作最后准备，在国家体系中正式落实明式家具之复兴。

今日美术馆首次展出明式家具：

北京今日美术馆，致力于参与并推动中国当代艺术的前进和发展，从来未曾展出中国古代文物。2014年3月至4月，今日美术馆与笔者创办的【嘉木堂】和中国嘉德联手举办“选中之选　器美神完　嘉木堂呈献明式家具精品　纪念王世襄先生诞辰百年”[29]展览，是破例的尝试。向关注当代艺术的群体介绍明式家具。2014年是王世襄先生百年诞辰。正是当年王先生的研究与专著的出版，奠定了明式家具为艺术品的地位。是次展览，在当代艺术馆的时尚空间展示明式家具精萃，古今对话，潜意识表达古今艺术无分界限，向广大民众传播我国家具艺术之博大精深。

《读往会心——侣明室藏明式家具》封面

《大美木艺——中国明清家具珍品》封面

《选中之选 器美神完 嘉木堂呈献明式家具精品 纪念王世襄先生诞辰百年》内封面

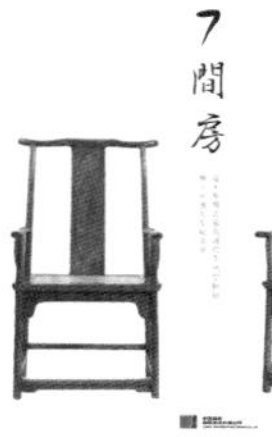

《7 间房——嘉木堂明式家具现代生活空间展暨王世襄先生纪念室》封面

7间房【嘉木堂】明式家具现代生活空间 暨王世襄先生纪念室展览:

继春季的今日美术馆展览之后，笔者策划秋季举办“7间房”展览，作为2014年纪念王世襄先生百年诞辰的结尾活动。位于朝阳区的798艺术区，是北京乃至全中国当代艺术界最重要的据点之一。艺术区遍布画廊，艺术中心，艺术家工作室，设计公司以及餐饮酒吧等各种空间，充满现代时尚生活气色。【嘉木堂】再次与中国嘉德携手合作，把798艺术区核心广场旁的一座庞大原电子工业厂房，搭建成一个现代家居，内设玄关、客厅、餐厅、收藏间、炕房、书房，加上王世襄先生纪念室合计7间房。在每个生活空间中陈置珍贵的明式家具，配以现代而时尚的家居元素，呈现明式家具与现代生活环境的和谐融洽，呈现明式家具永恒之美。笔者的意愿是期盼这系列展览活动，在纪念王先生百年诞辰的同时，进一步发扬光大我国家具艺术的巅峰作品——明式家具。停笔时“7间房” 展览刚结束，据说入场人数众多，为家具展览史前无例，而其概念的创新，布展之精彩，让“7间房”内的明式家具跨越文物界别，获得较广泛的社会关注。

年少已爱明式家具的我，在这重大时刻，有感而录下这百年回顾。从沉沦到被知音人发现、潜心研究，广泛传播、达至全世界欣赏及珍惜之路漫长，坎坷且曲折。走过此长路的人众多，都作出贡献。谨借此百年回顾向所有同路人致意。

（本文在2013年夏季交稿，2014年刊出于《中国国家博物馆古代艺术系列丛书: 大美木艺——中国明清家具珍品》。现在补充2014年重要的展览活动，并且添加原文没有的图片。）

1 明张岱《陶庵梦忆》，江苏古籍出版社，南京，2000年，页101。

2 俞剑华编《中国美术家人名辞典》，上海人民美术出版社，1981年，页868。

3 王世襄《明式家具研究》文字卷，三联书店（香港）有限公司，香港，1989年，页19。

4 王世襄〈萧山朱氏旧藏珍贵家具纪略〉，《文物》1984年第10期，页53-58。

5 王世襄《明式家具珍赏》，三联书店（香港）有限公司 / 文物出版社（北京）联合出版，香港，1985年，页275。

6 朱家溍〈我对家具的最初认识〉，载于林舒等选编《名家谈鉴定》，紫禁城出版社，北京，1995年，页324。

7 Brian Flynn, "Gregor Norman-Wilcox", *Journal of the Classical Chinese Furniture Society*, vol. 1, no. 4, Autumn 1991, Renaissance, California. 布赖恩·芬尼〈雷戈·诺曼-威尔科克斯〉，《中国古典家具学会季刊》1991年秋季刊，加州文艺复兴镇，页55。

8 Howard A. Link, *Chinese Hardwood Furniture in Hawaiian Collections*, selected and catalogued by Robert Hatfield Ellsworth, edited by Howard A. Link, Honolulu Academy of Arts, 1982. 霍华德·林克《夏威夷藏中国硬木家具》安思远挑选及撰写目录，霍华德·林克编辑，檀香山艺术学院，1982年，页21。

9 Gustav Ecke, *Chinese Domestic Furniture*, Henri Vetch, Peking, 1944, reprinted by Charles E. Tuttle, Rutland, Vermont and Tokyo, 1962. 古斯塔夫·艾克《中国花梨家具图考》享利·魏智，北京，1944年。查理斯·塔特尔重印，拉特兰、佛蒙特、东京，1962年，志谢页。

10 George N. Kates, *Chinese Household Furniture*, Harper and Brothers, New York and London, 1948. 乔治·凯茨《中国家居家具》，哈珀兄弟，纽约及伦敦，1948年，页ix。

11 "Two Early Exhibitions at the Brooklyn Museum", *Journal of the Classical Chinese Furniture Society*, vol. 1, no. 3, Summer 1991, Renaissance, California. 〈布鲁克林博物馆早期两个展览〉，《中国古典家具学会季刊》1993年夏季刊，加州文艺复兴镇，页48-50。

12 Laurence Sickman, "Excerpts from the Address of Acceptance The Charles Lang Freer Medal", Michael Churchman, ed., *Laurence Sickman - A Tribute*, The Nelson-Akins Museum of Art, Kansas City, 1988. 劳伦斯·史克门〈查理斯·兰村·弗里尔奖牌得奖演词节录〉，载于迈克尔·彻奇曼编《劳伦斯·史克门- 致敬》纳尔逊阿特金斯艺术博物馆，坎萨斯城，1988年，页12-13。

13 Craig Clunas, *Chinese Furniture*, Victoria and Albert Museum Far Eastern Series, London, 1988. 柯律格《英国国立维多利亚与艾尔伯特博物馆·东亚系列·中国家具》，伦敦，1988年，页18、24、26、31、61。

14 Gustav Ecke, "Structural Features of the Stone-Built T' ing-Pagoda: A Preliminary Study", *Monumenta Serica - Journal of Oriental Studies*, vol. 1, no. 2, 1935, Beijing. 古斯塔夫·艾克〈石塔结构初步研究〉，《华裔学志》第1卷，第2期，1935年，北京，页253。

15 金瓯卜文集编辑小组《金瓯卜文集》，2002年，页323。

16 方继孝《碎锦零笺: 文化名人的墨迹与往事》，山东画报出版社，济南，2009年，页68-69。

17 朱家溍〈两部我国前所未有的古代家具专著〉，载于张中行等著、李经国编《奇人王世襄》，生活·读书·新知三联书店，北京，2007年，页180。

18 金瓯卜文集编辑小组《金瓯卜文集》，2002年，页328。

19 王世襄《明式家具研究》全二卷，三联书店（香港）有限公司，香港，1989年。

20 伍嘉恩《明式家具二十年经眼录》，紫禁城出版社，北京，2010年，页7。

21 李晶晶〈老黑与小黑〉，《三联生活周刊》2011年第26期，生活·读书·新知三联书店，北京，2011年6月27日，页116。

22 Grace Wu Bruce, *Dreams of Chu Tan Chamber and the Romance with Huanghuali wood: The Dr S. Y. Yip Collection of Classic Chinese Furniture*, Hong Kong, 1991. 伍嘉恩《攻玉山房藏明式黄花梨家具：楮檀室梦旅》，香港，1991年。

23 *Journal of the Classical Chinese Furniture Society*, vol. 1, no. 1, Winter 1990, Renaissance, California.《中国古典家具学会季刊》1990年冬季刊，加州文艺复兴镇，页2。

24 庄贵仑编《庄氏家族捐赠上海博物馆 明清家具集萃》，两木出版社，香港，1998年，页10。

25 春元、逸明编《张说木器》，国际文化出版公司，北京，1993年，页143。

26 Grace Wu Bruce嘉木堂《永恒的明式家具》，香港，2006年。

27 中国国家博物馆编《简约·华美：明清家具精粹》，中国社会科学出版社，北京，2007年。

28 中国嘉德国际拍卖有限公司编《读往会心——侣明室收藏明式家具展》，北京，2011年。

29 中国嘉德国际拍卖有限公司《选中之选 器美神完 嘉木堂呈献明式家具精品 纪念王世襄先生诞辰百年》，北京，2014年。

附录四　1985 年前展览及出版记录

时间	事件
1937 至 1938	冬季：英籍加罗林·比伯女士（Caroline Bieber）及美籍比阿特丽斯·凯茨女士（Beatrice Kates）从旅居北京的外籍人士家中挑选硬木家具，进行测量及拍照，记录了 112 件。其后乔治·凯茨（George N. Kates）编纂 1948 年在纽约及伦敦出版。
1942	洛杉矶艺术博物馆举办有史以来首次明式家具专题展览。 亚洲艺术品部主任格雷戈·诺曼-威尔科克斯（Gregor Norman-Wilcox）在博物馆 1942 年季刊第二期撰文介绍。Gregor Norman-Wilcox, 'Early Chinese Furniture' in *Los Angeles County Museum Quarterly*, vol. I, no. 2, Los Angeles, 1942. 雷戈·诺曼-威尔科克斯〈早期中国家具〉，《洛杉矶艺术博物馆季刊》第 1 卷，第 2 期，洛杉矶，1942 年。
	杨耀教授文章〈明代室内装饰和家具〉发表于《民国三十一年国立北京大学论文集》。杨耀著 陈增弼整理《明式家具研究（第二版）》中国建筑工业出版社，北京，2002，页 13-24。
1944	古斯塔夫·艾克（Gustav Ecke）著作 *Chinese Domestic Furniture*《中国花梨家具图考》在北京出版，限量发行二百套，1962 年重印。Gustav Ecke, *Chinese Domestic Furniture*, Henri Vetch, Peking, 1944, reprinted by Charles E. Tuttle, Rutland, Vermont and Tokyo, 1962. 古斯塔夫·艾克《中国花梨家具图考》享利·魏智，北京，1944 年。查理斯·塔特尔重印，拉特兰、佛蒙特、东京，1962 年。
1946	2 月～3 月：纽约布鲁克林博物馆举办中国硬木家具展览，乔治·凯茨（George N. Kates）在博物馆 1946 年 2 月刊撰文介绍。George N. Kates, 'Chinese Furniture' in *The Brooklyn Museum Bulletin* VII:5, February 1946. 乔治·凯茨〈中国家具〉，《布鲁克林博物馆通讯》VII:5，1946 年 2 月。
	6 月：巴尔的摩艺术博物馆举办"中国 17 至 18 世纪家具"展 Chinese Furniture of the Seventeenth and Eighteenth Centuries。博物馆 1946 年 6 月月刊登刊介绍文章。"Chinese Furniture", *News, The Baltimore Museum of Art*, June 1946.〈中国家具〉，《巴尔的摩艺术博物馆通讯》1946 年 6 月。
1948	陈梦家先生在家书中阐述购买明代家具相关之事。方继孝《碎锦零笺：文化名人的墨迹与往事》山东画报出版社，济南，2009 年，页 68-69。
	杨耀教授文章〈明式家具艺术〉发表于《北京大学五十周年纪念论文集》。杨耀著 陈增弼整理《明式家具研究（第二版）》中国建筑工业出版社，北京，2002 年，页 25-42。
	纽约布鲁克林博物馆亚洲艺术部主任乔治·凯茨著作《中国家居家具》出版。George N. Kates, *Chinese Household Furniture*, Harper and Brothers, New York and London, 1948. 乔治·凯茨《中国家居家具》哈珀兄弟，纽约及伦敦，1948 年。

时间	事件
1952	加拿大皇家安大略省考古博物馆出版路易丝·霍利·斯通（Louise Hawley Stone）著作的 *The Chair in China*《中国的椅子》。Louise Hawley Stone, *The Chair in China*, Royal Ontario Museum of Archaeology, Toronto, 1952. 路易丝·霍利·斯通《中国的椅子》皇家安大略省考古博物馆，多伦多，1952 年。
	古斯塔夫·艾克教授（Gustav Ecke）1949 年迁居夏威夷担任檀香山艺术学院（Honolulu Academy of Arts）中国美术馆馆长，在馆中举办中国明清家具展览。Howard A. Link, *Chinese Hardwood Furniture in Hawaiian Collections*, selected and catalogued by Robert Hatfield Ellsworth, edited by Howard A. Link, Honolulu Academy of Arts, 1982. 霍华德·林克《夏威夷藏中国硬木家具》安思远选及撰写目录，霍华德·林克编辑，檀香山艺术学院，1982 年，页 21。
1957	3 月：克利夫兰艺术博物馆馆长李雪曼（Sherman E. Lee）在 1957 年 3 月馆刊撰文描述 5 件捐赠入馆的明式家具。Sherman E. Lee, 'Chinese Domestic Furniture', *The Bulletin of the Cleveland Museum of Art*, vol. 44, no. 3, March 1957. 李雪曼〈中国家居家具〉，《克利夫兰艺术博物馆通讯 3》第 44 卷，第 3 期，1957 年 3 月，页 48-53。
	6 月：王世襄先生撰文〈呼吁抢救古代家具〉刊载于《文物参考资料》。王世襄〈呼吁抢救古代家具〉，《文物参考资料》1957 年第 6 期，北京，1957 年 6 月，页 64-65。
1962	5 月：中央工艺美术学院罗无逸教授撰文〈明代家具艺术〉刊载于《中国建设》月刊英文版。Luo Wuyi, 'The Art of Ming Dynasty Furniture', *China Reconstructs*, May 1962. 罗无逸〈明代家具艺术〉，《中国建设》月刊英文版，1962 年第 5 期，1962 年 5 月。
1963	美国费城艺术博物馆亚洲艺术部主任吉恩·戈登·利（Jean Gordon Lee）撰文在博物馆 1963 年冬季刊介绍馆藏明式家具。Jean Gordon Lee, 'Chinese Furniture', *Philadelphia Museum of Art Bulletin*, vol. 58, no. 276, winter 1963. 吉恩·戈登·利〈中国家具〉，《美国费城艺术博物馆季刊》第 58 卷，第 276 期，1963 年冬季，页 41-80。
1966	美国坎萨斯城阿特金斯博物馆 - 纳尔逊艺术馆成立新馆，常态专题展览中国明式家具，馆长劳伦斯·史克门（Laurence Sickman）撰写新馆手册。Laurence Sickman, *Chinese Domestic Furniture: a new gallery opened 17 November 1966, Nelson Gallery of Art, Atkins Museum*, William Rockhill Nelson Gallery of Art and Mary Atkins Museum of Fine Arts, Kansas City , 1996. 劳伦斯·史克门《中国家居家具：阿特金斯博物馆 - 纳尔逊艺术馆新馆开幕 1996 年 11 月 17 日》威廉·罗克希尔·纳尔逊艺术馆、玛丽阿特金斯艺术博物馆，坎萨斯城，1996 年。
1969	威廉·德拉蒙德（William M. Drummond）演讲题目"中国家具"Chinese Furniture 赛克勒收藏讲座刊本。William M. Drummond, *The Sacler Collections, Series 13 – Lecture 1, Chinese Furniture*, Intercultural Arts Press, New York, 1969. 威廉·德拉蒙德《赛克勒收藏讲座系列 13 - 第一讲 - 中国家具》跨文化艺术出版，纽约，1969 年。

时间	事件
1971	安思远（Robert Hatfield Ellsworth）著作 *Chinese Furniture: Hardwood Examples of the Ming and Early Ching Dynasties*《中国家具：明至清前期硬木例子》在纽约出版。Robert Hatfield Ellsworth, *Chinese Furniture: Hardwood Examples of the Ming and Early Ching Dynasties*, Random House, New York, 1971. 安思远《中国家具：明至清前期硬木例子》纽约，1971 年。
1973	美国波士顿美术馆亚洲艺术部主任吴同（Wu Tung）撰文介绍馆藏一对黄花梨交椅。Wu Tung, 'From Imported "Nomadic Seat" to Chinese Folding Armchair' in *Boston Museum Bulletin*, vol. 71, no. 363, Museum of Fine Arts, Boston, 1973. 吴同〈从胡床到中国交椅〉,《波士顿美术馆期刊》第 71 卷，第 363 期，波士顿美术馆，1973 年，页 36-48。
1978	美国坎萨斯城阿特金斯博物馆馆长劳伦斯·史克门（Laurence Sickman）在伦敦东方陶瓷学会演讲题目"中国古典家具" Chinese Classic Furniture 刊本。Laurence Sickman, *Chinese Classic Furniture, a lecture given by Laurence Sickman on the Occasion of the third presentation of the Hills Gold Medal*, The Oriental Ceramic Society, London, 1978. 劳伦斯·史克门《中国古典家具》东方陶瓷学会，伦敦，1978 年。
1979	法国学者米歇巴尔·伯德莱（Michel Beurdeley）著作 *Chinese Furniture*《中国家具》出版。Michel Beurdeley, *Chinese Furniture*, Tokyo, New York and San Francisco, 1979. 米歇巴尔·伯德莱《中国家具》，东京、纽约、旧金山，1979 年。
	8 月：王世襄先生撰文〈略谈明清家具款识及作伪举例〉刊载于《故宫博物院院刊》1979 年第 3 期。王世襄〈略谈明清家具款识及作伪举例〉,《故宫博物院院刊》1979 年第 3 期，北京，1979 年 8 月，页 72-76。
1980	4 月：王世襄先生撰文〈明式家具的"品"〉刊载于《文物》1980 年第 4 期。王世襄〈明式家具的"品"〉,《文物》1980 年第 4 期，北京，1980 年 4 月，页 74-81。 陈增弼先生撰文〈马杌简谈〉刊载于《文物》1980 年第 4 期。陈增弼〈马杌简谈〉,《文物》1980 年第 4 期，北京，1980 年 4 月，页 82-84。
	6 月：王世襄先生撰文〈明式家具的"病"〉刊载于《文物》1980 年第 6 期。王世襄〈明式家具的"病"〉,《文物》1980 年第 6 期，北京，1980 年 6 月，页 75-79。
	8 月：王世襄先生撰文〈《鲁班经匠家镜》家具条款初释〉刊载于《故宫博物院院刊》1980 年第 3 期。王世襄〈《鲁班经匠家镜》家具条款初释〉,《故宫博物院院刊》1980 年第 3 期，北京，1980 年 8 月，页 55-65。
1981	2 月：王世襄先生撰文〈《鲁班经匠家镜》家具条款初释〉下半部份刊载于《故宫博物院院刊》1981 年第 1 期。王世襄〈《鲁班经匠家镜》家具条款初释〉,《故宫博物院院刊》1981 年第 1 期，北京，1981 年 2 月，页 74-89。
	3 月：陈增弼先生撰文〈明式家具的功能与造型〉刊载于《文物》1981 年第 3 期。陈增弼〈明式家具的功能与造型〉,《文物》1981 年第 3 期，北京，1981 年 3 月，页 83-90。

时间	事件
1982	1 月：王世襄先生撰文〈“束腰”和“托腮”——漫谈古代家具和建筑的关系〉刊载于《文物》1982 年第 1 期。王世襄〈“束腰”和“托腮”——漫谈古代家具和建筑的关系〉，《文物》1982 年第 1 期，北京，1982 年 1 月，页 78-80。
	1 月～ 2 月：美国檀香山艺术学院举办“夏威夷藏中国硬木家具”展 Chinese Hardwood Furniture in Hawaiian Collections 并同步出版展览图录。Howard A. Link, *Chinese Hardwood Furniture in Hawaiian Collections*, selected and catalogued by Robert Hatfield Ellsworth, edited by Howard A. Link, Honolulu Academy of Arts, 1982. 霍华德・林克《夏威夷藏中国硬木家具》安思远选及撰写目录，霍华德·林克编辑，檀香山艺术学院，1982 年。
	4 月：陈增弼先生撰文〈双陆〉刊载于《文物》1982 年第 4 期。陈增弼〈双陆〉，《文物》1982 年第 4 期，北京，1982 年 4 月，页 78-82。
1985	王世襄先生著作《明式家具珍赏》在香港出版。王世襄《明式家具珍赏》三联书店（香港）有限公司／文物出版社（北京）联合出版，香港，1985 年。

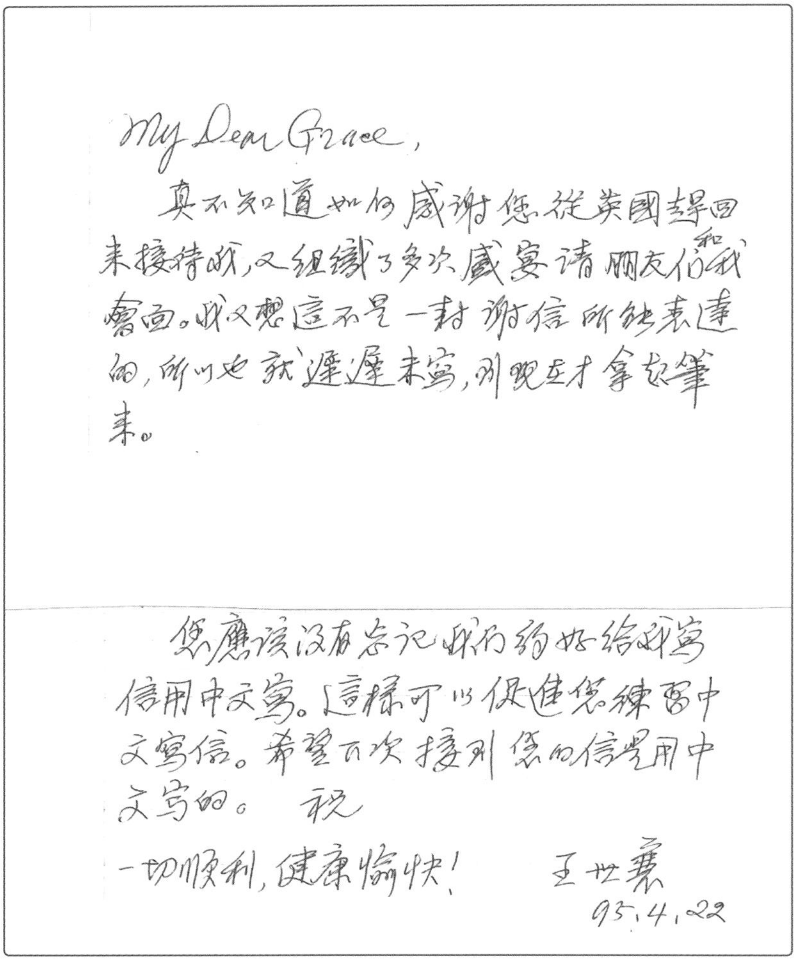

My Dear Grace,

真不知道如何感谢您從英國趕回来接待我，又組織了多次盛宴请朋友们和我會面。我又想這不是一封谢信所能表達的，所以也就遲遲未写，到现在才拿起筆来。

您應該没有忘记我们约好给我写信用中文写。這樣可以促使您練習中文写信。希望下次接到您的信是用中文写的。 祝

一切顺利，健康愉快！ 王世襄

95.4.22

1995 年 4 月 22 日王世襄先生寄给伍嘉恩的第一封中文信。在此以前，信札全为英文

后记

如果王世襄先生还在世，这里要说的必定是感谢他。如以往一般，审批我的文字，赐予宝贵意见，或是为我的各种画册刊物题字。但他逝世了。他在时我感到的庇荫，瞬息间化作云烟。其实，编写这文稿的初期，王先生已病了，我已无法得到他的指导、提点。自那时我已悟到，我得把他多年的鼓励与扶持化作力量，站起来自负责任。

王先生对我的影响，远远超过在家具领域上的指导。不说不知，我的汉语今天能让人看懂，是拜王先生所赐。我们认识之初十多年，因为我从小上英文学堂，中文不行，是用英语交谈并通信的。1995年春，他忽然说希望收到我用中文写的信件，不然未必回信！我只好字典在手，如孩童堆砌积木般开始……

今天我能以中国语文表述我国家具艺术，而读者又认为这书有点意义，还是要感谢王先生。

希望不懂家具的人翻阅这书后能看到明式家具之美。懂得的人如觉有疏漏，包括不同的意见，希望能听到您们的声音。

感谢故宫出版社的编辑刘茵、李猛，特别是朱传荣女士；感谢嘉木堂的刘曼婷、欧阳宝煌。您们的工作让《经眼录》得以出版，让我能代王世襄先生继续其意愿中之“教育广大人民对优美精湛、卓越无俦，在世界工艺史上占有崇高地位之我国家具艺术有更多认识”，使其迈进一步。

伍嘉恩

图书在版编目（C I P）数据

明式家具经眼录 / 伍嘉恩著. —北京：故宫出版社，2015.4（2019.4重印）
ISBN 978-7-5134-0710-6

Ⅰ.①明… Ⅱ.①伍… Ⅲ.①家具－研究－中国－明代 Ⅳ.①TS666.204.8

中国版本图书馆CIP数据核字（2015）第029926号

明式家具经眼录

著　　者：伍嘉恩
出 版 人：王亚民
责任编辑：刘　茵　崔月姣
装帧设计：李　猛
出版发行：故宫出版社
地址：北京东城区景山前街4号　邮编：100009
电话：010-85007808　010-85007816　传真：010-65129479
网址：www.culturefc.cn　邮箱：ggcb@culturefc.cn
制版印刷：北京雅昌艺术印刷有限公司
开　　本：787毫米×1092毫米　1/16
印　　张：21.75
字　　数：106千字
版　　次：2015年3月第1版
2019年4月第3次印刷
印　　数：6,001~11,000册
书　　号：ISBN 978-7-5134-0710-6
定　　价：196.00元